VOLUME ONE

URBAN COLORING

PHOTOGRAPHED, WRITTEN AND EDITED BY
SEO YOU SEOK

세계의 도시경관과 건축문화 **제1권**

도시의 색채

서유석 지음

「 URBAN LANDSCAPE
AND
ARCHITECTURAL
CULTURE
IN THE WORLD 」

URBAN COLORING URBAN

CONTENTS

[일러두기]

- 이 책에서 나타나는 국가 및 도시명은 모두 영어 표기를 원칙으로 하되, 도시의 명칭이 영어와 현저히 다를 경우 현지어를 병기하고, 건물이나 가로명은 가급적 현지어로 표기하였다.
- 사진의 명칭순서는 건물(혹은 가로)명, 지역명, 도시명, 국가명의 순으로 표기하였으며, 건물(가로)명, 혹은 지역명이 없을 경우에는 도시명, 국가명의 순으로 표기하였다. 건축물이나 도시조형물은 건축가나 작가를 최대한 표기하고자 노력하였으며, 사진에 나오는 지역의 건축물이나 도시구조물, 도시조형물 등은 쉽게 찾아가 볼 수 있도록 지역명이나 대상의 명칭을 가급적 표기하고자 하였다.
- 각 장의 설명은 그 페이지에 수록된 사진설명을 원칙으로 하나 그 페이지에 글을 실을 여백이 없을 경우, 사진 내에 설명을 수록하였다.
- 이 책은 도시의 색채와 관련된 것이므로 가급적 무채색 계열(백색, 흑색, 회색계열)의 색상건물이나 구조물, 조형물 등은 제외하였으나 필요할 경우, 흑색과 백색으로 된 대상을 일부 게재하였다.
- 주로 도시 외부공간의 색채와 관련된 책이긴 하지만 건축물이나 도시구조물의 경우, 실내라 하더라도 외부색상과 연계되어 있거나 지하도처럼, 외부색상을 표현하는 것이 불가능할 경우에는 관련 사진을 함께 게재하였다.
- 각 장의 구분은 편의상 건축물(건축물 외관, 건축물 외관 및 실내, 건축물 실내, 건축물 개구부, 건축물 구조부), 도시구조물 및 도시조형물, 가로시설물 및 기타(가로시설물, 광고 및 표지판, 벽화, 휴식공간, 교통) 등 크게 세 가지 유형으로 분류하였다.
- 각 페이지의 사진설명은 관련 전문서적을 참고하여 필자의 주관적 의견을 책 내용에 맞게 서술하되, 통계적인 자료들은 인터넷의 공식 사이트를 일부 참고하였다.

Architecture
건축물

Urban Structure & Urban Sculpture
도시구조물 및 도시조형물

Street Furniture & Etc.
가로시설물 및 기타

AUTHOR'S PROLOGUE

[저 자 서 문]

처음 유럽을 다녀 온 것이 지금부터 10여 년 전인 2001년 여름이 막 시작되는 6월 중순이었다. 그로부터 2010년까지 15차례의 유럽답사가 이루어졌는데, 첫 번째 유럽답사는 1여년의 준비를 거쳐 2001년 6월 14일부터 7월 17일까지 31박 33일의 비교적 긴 여정으로 시작되었다.

영국 런던에서부터 시작된 여정은 도버와 프랑스 칼레(Calais)를 거쳐 파리, 릴, 리용, 마르세이유(Marseille), 아를(Arles), 몽플리에(montpellier), 님므(Nimes)를 돌아보았으며, 국경도시인 페르피냥(Perpignan)을 지나 스페인 바르셀로나, 마드리드, 세비야와 그라나다, 그리고 스위스의 베른(Berne), 이태리 밀라노, 비센차(Vicenza), 베로나, 베네치아, 피렌체, 피사, 로마를 종착지로 하여 끝났다. 영국에서 프랑스로 이동할 당시 도버해협(프랑스명 칼레해협) 해저를 터널로 뚫어 연결된 유로스타 노선이 있었으나 기차 탑승권이 너무 비싸 런던과 파리를 연결하는 버스인 유로라인을 이용하였다. 이 노선은 런던 워털루역 근처의 정류장에서 버스를 타고 도버까지 간 후, 프랑스 칼레까지 버스를 배에 싣고 가서 다시 그 버스를 타고 파리까지 가는 것으로, 오히려 유로스타를 타고 가는 것보다 훨씬 낭만과 운치가 있었던 여정으로 기억된다.

유럽 방문 첫 번째 해에 너무 긴 여정을 무리하게 소화하는 바람에 문제가 있다고 판단하여 2002년 두 번째 답사에서는 6월 23일부터 7월 20일까지 26박 28일의 일정으로 기간을 줄여 네덜란드와 독일의 도시들을 주로 방문하였으며, 2003년에는 그리스와 터키를 답사하였다. 2004년 4월과 10월에는 두 차례에 걸쳐 프랑스 독일, 네덜란드 등을 답사하였고, 2005년 9월 북유럽 국가를 중심으로 한 답사를, 2006년 5월, 8월, 10월에는 스페인 북부의 빌바오와 프랑스 서부지역, 프랑스 남부지역, 이태리 북부지역과 스위스에 대한 답사를 진행하였으며, 2007년에 한 차례, 2008년 4월, 9월 11월 세 차례, 2009년과 2010년에 각각 한 차례씩 답사를 진행하였다.

2001년부터 유럽뿐 아니라 다른 나라들에 대한 답사도 이어졌는데, 일본의 경우, 유럽답사와 마찬가지로 2001년부터 2010년까지 18차례의 답사가 있었던 반면, 중국은 2005년에 가서야 처음 답사가 이루어졌으나 이후, 10여차례의 답사를 다녀왔으며, 그 밖에도 태국과 베트남, 말레이시아, 싱가포르 등 동남아시아 국가들을 모두 10여차례 답사하였고 오세아니아 지역의 경우에도 3차례에 걸친 호주와 뉴질랜드 답사, 그리고 2차례의 미국과 캐나다 답사 등 많은 국가들의 도시답사가 이루어졌다.

본 저서는 10여년에 걸친 발로 뛴 답사의 기록물이자 노력의 산물이다. 답사 초기에는 모두 슬라이드 필름으로 사진을 찍었기 때문에 이 책을 저술, 편집하는 과정에서 초기의 필요한 사진들을 모두 디지털화하는 작업이 선행되었으며, 10여만장 이상의 방대한 사진자료들을 선별하고 편집하는 과정에서 많은 보완과 수정작업이 병행되었다.

10여년에 걸쳐 세계의 많은 도시들을 답사하면서 도시란 어떻게 관리하고 정비되어야 하는지, 선후진국을 막론하고 외국의 도시들과 비교해봤을 때 우리나라의 천편일률적인 도시관리방식이나 도시형태는 문제가 있다는 것을 깨달을 수 있었다. 도시란 삶을 위한 기계가 아니라 살아있는 유기체와 같은 것으로 고유의 정체성을 가지고 있어야 하며, 도시의 정체성은 시민들의 협조와 엄격한 자기절제가 필요하다.

농촌이나 도시 가리지 않고 들어서 있는 성냥갑같은 아파트들은 도시의 미관과 정체성을 훼손시키는 주범으로서, 우리나라 사람들의 유별난, 아파트 선호의 결과물이다. 교량이나 도로 등 도시구조물들을 토목공사의 대상으로 보는 한, 그리고 도시내 건립되는 각종 건축물들을 부동산이라는 투자대상으로 보는 한, 도시의 정체성을 확보하거나 보존, 발전시키는 일은 요원한 일이 될 것이다.

더 이상 도시내 각종 건축물이나 구조물들을 단순한 건축공사나 토목공사의 대상으로만 보지 않도록 하자. 의류제품에서 중요한 것은 재봉사가 아니라 디자이너의 능력이듯이 도시구조물이나 건축물, 도로나 가로환경에서도 토목 엔지니어링이나 구조기술, 건설회사의 시공능력보다 건축가나 구조디자이너의 디자인 능력이 매우 중요하다.

혹자는 말한다. 외국과 우리나라는 다르다고. 경제수준이나 역사적 발전과정이 다르다는 것이다. 하지만 일본이나 유럽, 미국, 캐나다 등 선진국 도시들뿐 아니라 중국이나 말레이시아, 태국, 중동 등의 여러 도시들을 한 번 가보라. 이들은 우리나라 도시들처럼 천편일률적이지 않고 나름대로의 개성이 살아 숨쉬고 있으며, 이를 지키기 위해 많은 노력들을 하고 있음을 알 수 있다. 이에 비해 우리나라의 도시들은 짧은 시간 내에 급성장한 결과, 값비싼 가구들은 있으되 품위가 없는 벼락부자들의 집처럼 문화와 품격이 부족한 도시로 변모하고 있는데, 이는 도시관리의 공공성을 간과한 결과이다. 조선시대의 도시풍경은 분명 동시대 외국의 도시와 달랐을 것이나 현재 우리나라 도시풍경은 국적불명의 도시로 변해버렸다. 조선시대 육의전이 종로거리에 남아 있었더라면 서울의 도시풍경은 지금보다 훨씬 더 풍요롭지 않았겠는가?

20년이 지나면 허물고 새로 짓는 일들을 이젠 그만두도록 하자. 바르셀로나의 사그라다 파밀리아 성당은 착공(1882년)한지 130년이 다되어가지만 아직도 여전히 공사중이며 앞으로 20~30년은 더 공사를 해야 준공될 예정으로 있다(이 건물은 공사비를 모두 후원금에 의존하고 있기 때문에 실제로는 언제 준공될지는 확실하지 않다). 20년마다 도시를 허물고 새로 짓는 한 우리나라 도시역사는 길어야 20년의 역사성을 지닌, 천박한 도시일 뿐이다.

이 책은 모두 여섯 분야로 구성되어 시리즈로 출판할 예정이다. 이번에 출간되는 분야는 도시의 색채와 도시야간경관이다. 나머지 네 가지 분야는 도시가로 및 수변경관 분야, 녹색교통과 친환경건축 분야, 공원녹지와 공공디자인 분야, 신도시와 공동주택 분야이다. 이와 같은 책들의 출간을 통하여 필자는 우리나라 도시에 아이덴티티와 품격을 불어넣는 자그마한 시금석이 되기를 바란다. 또한 이 책을 통하여 개성있는 도시를 창출하는데 일종의 대안이 제시될 수 있기를 기대해본다.

WHY DO I PUBLISH THIS BOOK?

도시환경에 있어서 조명과 색채는 여성의 화장품과 같은 것이다. 약간의 색조와 조명만으로도 단조롭고 무미건조한 도시는 새로운 아름다움으로 우리에게 다가온다.

우리나라의 도시경관은 무엇보다 밤에는 어둡고 낮에는 칙칙하고 혼란스럽다. 최근에 도시도 하나의 상품으로 인식되기 시작하면서 도시경관에 대한 관심이 높아지고는 있으나 경제상황이 악화되면 제일 먼저 하는 것이 가로등 끄기일 정도로 야간경관조명에 대한 인식이 낮고, 도시색채에 대한 보수적인 관점 때문에 도시 전체적으로는 회색계열의 무채색 일색이다.

가로간판이나 건축물의 색채는 대부분 가로 전체의 통일성과 아이덴티티가 결여되어 있다. 도시의 지배적 경관을 형성하는 고층 건물들은 천편일률적인 형태와 색상을 띠고 있으며, 다양한 색상을 도입하는데 소극적이다. 그렇다고 해서 유럽의 도시들처럼 오랜 역사의 흔적이 살아 있지도 않다. 해방 이후 우리나라 대부분의 도시에서 역사적 도시환경과 가로는 사라져 버렸고, 이제는 오래 된 사진에서 그 흔적만 찾아볼 수 있을 뿐이다.

도시환경은 그 자체가 문화이며 품격이다. 도시의 질적 수준은 그곳에 사는 시민들의 품격이기도 하며, 시민들의 의식수준을 보여 준다. 상업성의 극치를 보여주는 우리의 도시환경이 짧은 시일 내에 유럽의 도시들처럼 고풍스런 정체성을 갖추기는 어렵다. 전쟁으로 인하여, 아니면 경제발전을 위해 오늘날 우리의 도시환경이 불가피한 것이었다고 말할 사람들도 있을 것이다. 하지만 유럽의 도시들 역시 전쟁의 폐허 위에서 옛 도시의 모습대로 도시를 재건했다는 사실을 간과해서는 안 된다. 단지 도시환경에 대한 그들과 우리의 생각이 달랐을 뿐인 것이다.

야간조명과 도시색채를 통하여 무미건조한 우리의 도시를 바꾸자. 제1권 도시의 색채에서는 도시에 다양한 색채를 사용함으로써 도시를 어떻게 개성있고 재미있는 도시로 바꿀 수 있는지 보여주는 사례들을 중심으로 유형에 따라 분류하였다.

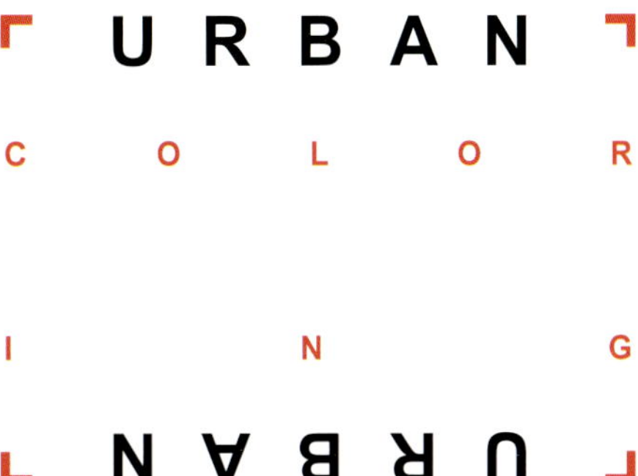

제2권 도시야간경관에서는 야간경관의 기초적 이론을 토대로 유형 및 적용대상별로 구분하여 그 기본적인 형태와 실제 도시에서의 적용사례들을 보여주고자 하였다.

도시 전체의 모습을 정체성있는 문화도시로 바꾸기 위해서는 오랜 시간과 많은 비용이 들지만 야간경관조명과 도시색채를 통하여 짧은 시간 내에 도시를 아름답게 만들 수 있을 뿐 아니라 도시에 활력을 불어넣을 수 있다. 원래 야간경관과 도시색채를 함께 묶어 출간하려 하였으나 자료가 방대하여 도시야간경관과 도시색채를 두 권으로 분리하였다.

이 책을 펴내게 된 동기는 2001년부터 도시경관이나 야간경관과 관련된 여러 프로젝트를 수행하면서 관련 자료들을 구하고자 하였으나 실내색채나 조명에 대한 자료나 서적들은 많은 반면, 도시의 옥외공간이나 가로환경과 관련된 색채나 경관조명 관련서적은 국내뿐 아니라 외국에서도 거의 전무한 실정이었기 때문이다. 이 책이 관련 전문도서가 부족한 현실에서 도시와 건축, 경관 및 조명색채 등에 관심을 가진 분들께 조금이나마 도움이 되기를 바라면서, 10여년간 160여개의 도시를 답사하면서 수집한 자료들을 정리하여 책으로 펴내고자 한다.

이 책의 출판에 도움을 주신 상지건축 고성룡이사님, 시케인엔지니어링 조현석사장님, 다우와 키움건설(주) 정혜교사장님, 덕산건설(주) 고권수회장님, DA건축사사무소 김현호소장님, 원건축 백창복소장님, 배행도사장님, 마루건축 허필도사장님, 돔건축 오영웅소장님, 이누건축 이문우소장님께 감사드립니다.

U R B A N

C O L

O R

I N G

U R B A N

도시와 건축에 있어서 색채는 뜨거운 주제이다. 특히 우리나라의 경우, 도시와 건축의 외부색채에 대해서는 매우 보수적이어서 과감한 원색의 사용이나 다양한 색상의 사용이 금기시되어 왔다. 이 때문에 우리나라 대부분의 도시들은 정체성있는 도시·이미지를 형성하지 못하고 있으며, 이는 도시환경을 단조롭고 무미건조하게 만드는 주요 요인이 되고 있다. 도시의 정체성(City Identity)은 도시의 외적 이미지로서, 수십년, 혹은 수백년 이상 장기간에 걸친 도시형성과 관리의 결과로서 나타나는 문화적 산물이다. 역사적인 장소나 건물들을 비롯한 오래된 흔적들이나 도시의 건물들과 가로환경에서 느낄 수 있는 도시의 분위기 등이 이에 해당한다. 오랫동안의 계획적인 도시관리로 뚜렷한 정체성을 가진 도시들은 그 도시에 사는 사람들의 삶의 질을 풍요롭게 해 주며, 많은 인적, 물적 자원들을 끌어들임으로써 강력한 도시 경쟁력을 갖추고 있다. 따라서 도시개발은 기존의 문화자원을 보존하는 동시에 새로운 도시의 문화자원들을 지속적으로 조성함으로써 도시의 정체성을 효과적으로 구현할 수 있도록 하는 것이 바람직하다.

오늘날 대부분의 경쟁력있는 지역이나 도시들은 개성있고 차별화된 도시공간을 조성하여 도시의 정체성을 확보하고 도시건축 및 도시공간을 자원화하는데 주력하고 있다. 이를 위해 도시내 가로나 각종 건축물, 구조물들을 예술이나 문화컨텐츠와 통합하여 도시적 스케일의 예술문화공간을 만들어 내고 있는데, 이는 도시건축을 통한 도시마케팅의 귀중한 자원이 된다.

이와 같은 관점에서 도시의 대표적인 색채를 보존하거나 형성하려는 노력은 매우 중요하며, 그리스의 산토리니를 비롯하여 지중해 주변 도시들이 보여주는 도시색채는 지중해성 기후가 만들어 낸 오랜 자연적 대응의 산물로서, 역사성과 전통성을 가진 중요한 자산이 되고 있다. 하지만 세계의 많은 도시들, 특히 우리나라의 도시들은 산업화 과정에서 서구화를 추구하면서 전통성은 사라지고 국적 불명의 특성없는 도시들이 되어 버린 상태이다.

색채는 독과 같아서 잘못 사용하게 되면 도시환경을 악화시키기도 하나 적절히 잘 사용하면 단조롭고 무미건조한 도시에 재미있는 모티브로서 생명력과 활력을 불어넣을 수 있다. 소극적이고 수동적인 도시공간에 색채를 입힘으로서 도시를 정체성있고 활기있게 만들 수 있음을 선진국들의 사례는 잘 보여준다. 조명과 색채를 하나로 묶은 것은 조명이 바로 색채 그 자체인 경우가 많았기 때문으로서, 조명과 색채가 통합됨으로서

ANCO's
BAR
RENAISSANCE
CAFE BAR
HOTEL LOUCAS
FRANCO's
BAR
ARIS RESTAURANT

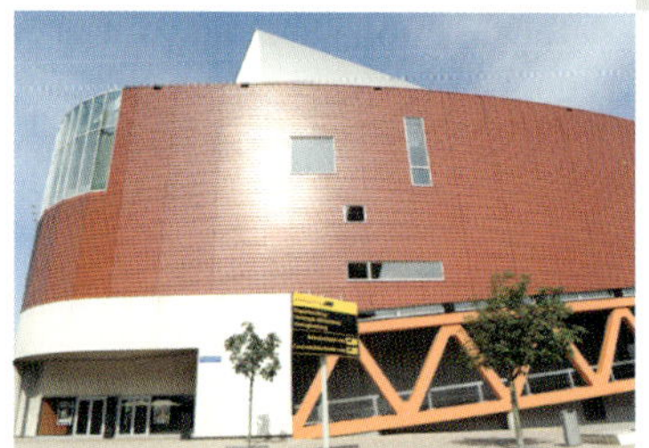

PART_1
ARCHITECTURE

제1장_ 건축물

일반적으로 도시는 다양한 행위가 발생하는 공간으로서, 이들을 수용하기 위한 다양한 도시요소들이 설치되는 장소이다. 이 때문에 도시공간은 장소에 따라 자칫 잘못하면 무질서하거나 무미건조해 보이기 쉽다.

특히 상업지역의 경우, 여러 계층의 다양한 활동들이 발생되므로 이들을 끌어들이기 위해 자극적인 형태나 색상이 많이 사용되는 경향이 있으며, 그 결과 혼란스럽거나 무질서한 분위기를 보여주는 경우가 적지 않다. 반면에 주거지역처럼 안정감이 중시되는 도시공간은 색채사용이 소극적이어서 자극적인 원색이나 여러 가지 색상을 사용하는 경우가 많지 않다.

많은 도시공간의 요소들 중에서 건축물은 도시공간의 많은 부분을 차지하는 요소로서, 색채의 적절한 사용이 매우 중요하다. 도시공간에서의 색채는 적절하게 사용되면 특정 지역에

장소성과 방향성을 부여할 수 있다. 특히 색채는 인지성이 높기 때문에 건축물에 사용된 색채는 건축물의 미적 가치를 높여 준다. 단순히 시선을 끌기 위한 것이 아닌 도시공간을 풍요롭게 하기 위한 색채의 사용이 중요한 이유이기도 하다.

건축물의 색채는 공공성이 강하게 나타나기 때문에 지역적, 역사적 배경을 가진 공공의 선호도가 높은 배색이 필요하다. 도시의 전반적인 색채는 기후나 풍토 등의 영향으로 국가별, 인종별로 다르게 나타나지만 개별 건축물의 색채는 용도별, 건축요소별로 개인적 취향이 반영되어 나타나기도 한다. 공동주택의 벽이나 도시상업가로변 건축물의 측벽에는 슈퍼그래픽이나 벽화 등이 채색되는 경우가 많으며 출입구 부분은 인지성을 높이기 위해 원색의 파스텔톤 색상이 많이 사용된다.

특히 주택은 발코니 부분이나 창문 등 특정 부분에 강조색들을 많이 사용하고 있는 반면, 상업건축물은 입면전체나 입면적을 크게 차지하는 요소에 색상들을 사용하는 사례가 비교적 많이 나타난다. 색상의 경우도 상업건축물은 강렬한 원색계열의 사용도가 높으나 주거나 공공건축물 등은 같은 색상이라도 순화된 색상이 많이 사용되고 있다.

전체적으로 보아 도시내 건축물들은 도시공간의 많은 부분을 차지하기 때문에 도시공간의 다른 요소 즉, 교량 등과 같은 도시구조물이나 가로시설물 등에 비해 색채의 사용빈도나 색상의 사용면적비율, 사용되는 색상의 다양성 등의 관점에서 보면 상대적으로 적음을 알 수 있다.

CHAPTER_1-1

BUILDING EXTERIOR

1-1_ 건축물 외관

건축물의 창은 그 배열에 따라 건물 외관에 매우 중요한 영향을 미치는 요소이기 때문에 창문을 끼우는 창틀에 대한 색채사용을 통하여 건축물을 개성있게 만들 수 있다.

유럽의 건축물들은 방범이나 창문 유리보호, 에너지 효율 등의 측면에서 창문 바깥에 다시 블라인드나 덧문을 달게 되는 경우가 많다. 칼 벤츠센터(Carl Benz Center)는 공동주거의 미닫이식 블라인드 이미지를 본 따 입면을 구성하였다. 하얀 색상의 블라인드 이미지를 규칙적으로 배열하여 만든 창문 프레임 안쪽에 빨간 색을 칠하고(사진 2) 바깥 쪽 일부는 황금색으로 칠하여 건물의 외부 입면에 변화를 부여하고 있다. 이와 같은 배색은 보는 방향에 따라 다양한 변화를 연출한다.

1/2/3/4/5 Carl Benz Center, Stuttgart, Germany

1

weru secur
weru

1

2

스티븐 홀(Steven Holl)이 설계한 当代MOMA(Grand MOMA)에 사용된 색채는 중국고건축의 영향에서 영감을 받은 것으로, 중국사찰의 처마색상과 다양한 중국유적의 색상으로부터 선정된 것이다.

하얀 벽면과, 창문틀 안쪽으로 중국 전통의 고유색상을 채색하여 보는 방향에 따라 다양한 색상을 연출하고 있으며, 주거동 전체를 연결하는 브릿지 하부를 창문틀에 사용된 여러 색상으로 채색하여 중국식의 현란함보다는 주거로서의 안정되면서도 개성있는 이미지를 전체적으로 보여주고 있다.

프랑크푸르트 무역박람회장(Frankfurt Trade Fair)에 바로 인접한 Mövenpick Hotel은 ABB Architekten이 디자인한 것으로, 따듯한 붉은 색상은 물결이 굽이치는 듯한 외관에 잘 어울린다.

Mövenpick Hotel은 건물의 전체 매스를 두 부분으로 구분하여 옆에서 보면 전체적으로 ㄴ자 모양의 적색매스 위에 상부가 약간 캔틸레버로 돌출된 회색의 매스를 얹어놓은 듯한(사진 5) 형상을 취하고 있다.

1/2/3 Grand MOMA(当代 MOMA, architect : Steven Holl), Beijing(北京), China
4/5/6/7 Mövenpick Hotel(architect : ABB Architekten), Frankfurt Trade Fair area, Frankfurt, Germany

1

슬로베니아(Slovenia)의 수도 류블라나(Ljubljana) 중앙역에 인접하여 건립되고 있는 이 건물은 공동주택으로서, 역을 향하고 있는 남측지역은 백색의 바탕 위에 낮은 톤의 적색과 황색이나 청색, 회색 등을 부분적으로 사용하고 있는 반면, 북측에 면하고 있는 외관은 이와 대조적으로 강렬한 적색의 바탕 위에 황색과 청색, 회색 등을 부분적으로 사용하고 있다.

직각삼각형 모양의 이 건물은 삼각형의 매스가 특징적일 뿐 아니라 강렬한 적색위주의 색상을 외관에 적극적으로 사용함으로써 전통적인 주변의 건축물과 색상뿐 아니라 형태가 크게 대비됨으로써 인지성이 매우 높다.

삼각형의 건물 남측에 직각으로 연결된 부속건물은 밝은 적색으로 마감하여 백색의 외관과 강렬하게 대비된다.

1/2/3/4/5/6 Ljubljana Railway Station area, Ljubljana, Slovenia

2

3

Polet
RAZP
tekstila
od 13. 7.
europlakat
PREPOVEDANO
PLAKATIRANJE
INT
4

5

6

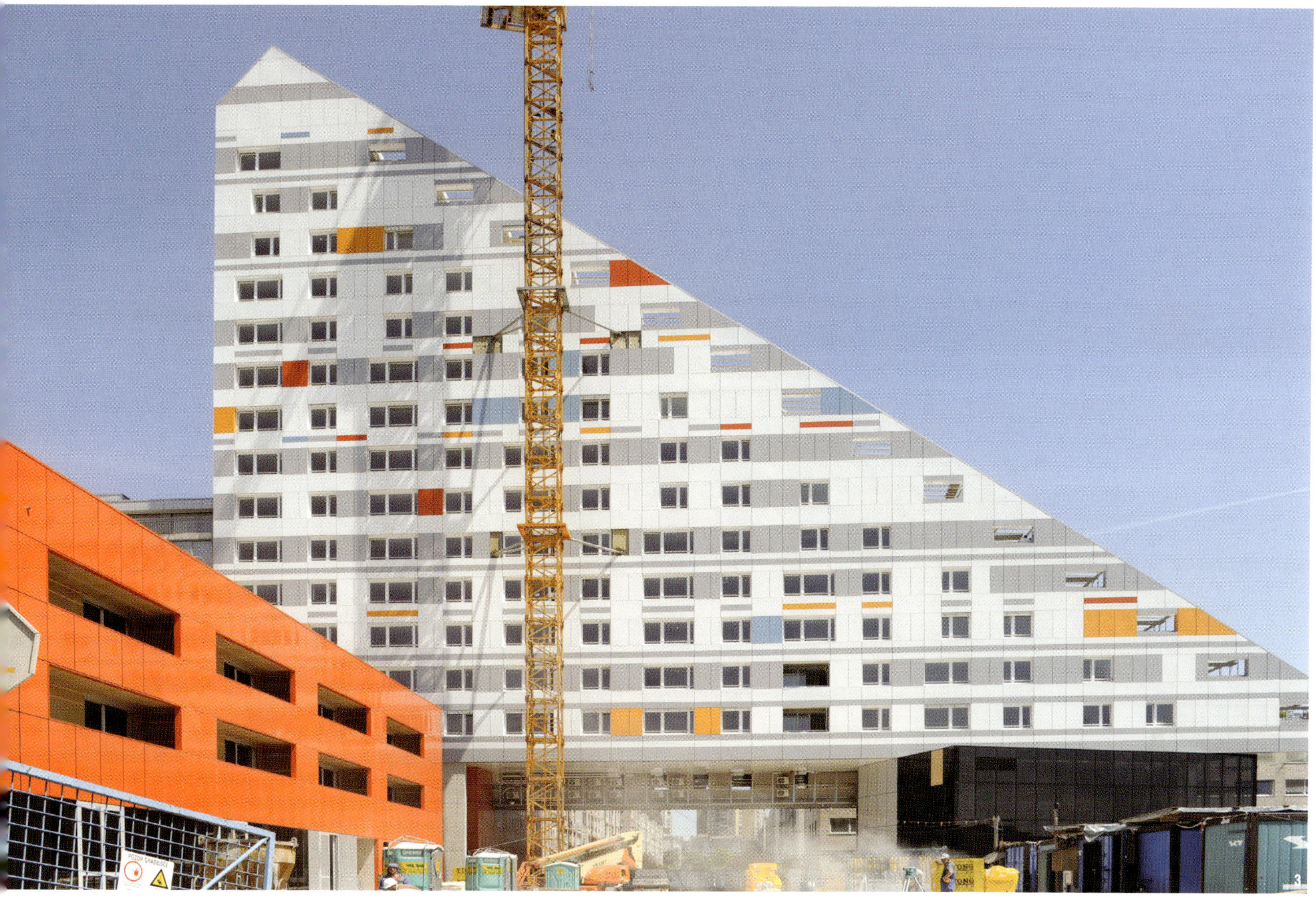

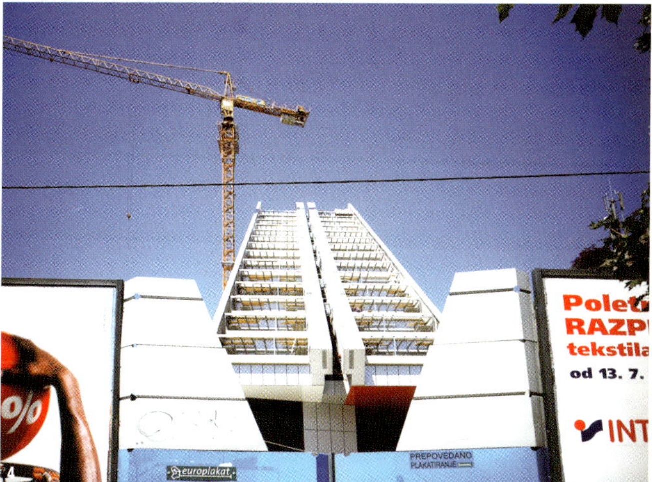

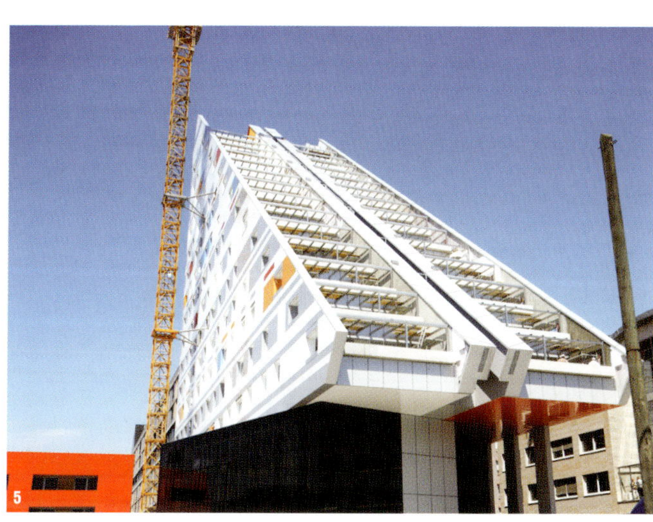

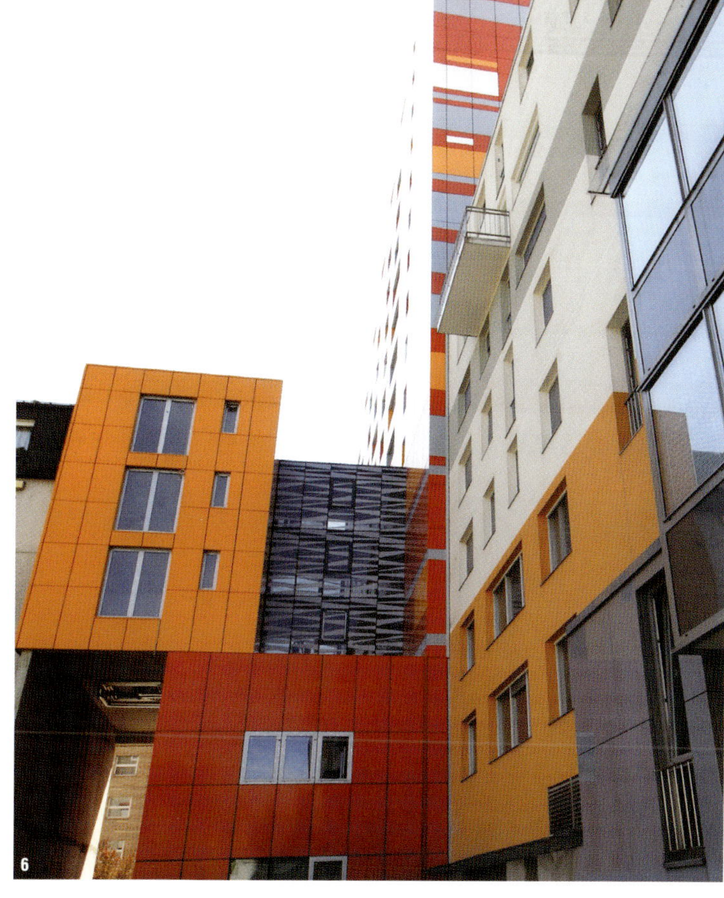

1

2

3

입면구성은 건물 상층부에 뚫은 공중정원을 포함하여 모두 10개의 면으로 분할되어 있는데, 공중정원을 제외하고 분할된 9개의 각 면마다 색상과 재료를 다르게 사용하여 단조로운 상자형의 아파트 입면에 생동감을 불어넣고 있다.

건물에 칠해진 빨간 색은 방문객들에게 멀리서 건물을 잘 인식시키며 건물에 대한 기억을 오랫동안 유지시킨다.

Mirador 아파트의 빨간 계단은 피난계단을 나타내는 것으로, 건물 4면의 입면구성요소로 적절하게 활용되고 있으며 건물 내부뿐 아니라 외부에서도 분명하게 식별된다.

1/2/3/4/5/6 Mirador Apartments(architect : MVRDV), Madrid, Spain

5

6

Greenwich millennium village(Masterplanner, Ralph Erskine), London Borough of Greenwich, London, United Kingdom

발코니의 난간은 강화유리, 아크릴, 천, 타일 등 다양한 재료와 색상으로 만들어지며, 건물 전체입면에서 차지하는 면적이 적기 때문에 과감한 색상이나 무늬의 도입이 가능하다.

빨간 색의 외벽에 회색으로 채색되거나 밝은 회색의 외벽에 노란 색으로 채색된 발코니, 혹은 짙은 푸른 색의 외벽에 빨간 색으로 채색된 발코니 등 발코니는 외벽과 대비되는 요소로서 활용된다.

발코니 난간은 그 자체로서 건축물의 입면을 다양하게 구성할 수 있는 건축적 요소가 되며, 색채가 덧붙여질 경우, 그 시각적 효과는 매우 뛰어나다.

1 Housing, Medien Hafen, Düsseldorf, Germany
2 Le Quartier Central(Housing), Schinkelstrasse, Düsseldorf, Germany
3 Nexus World(architect : Mark Mack), Kashii District(Master planner, Arata Isozaki), Fukuoka(福岡), Japan
4 Wohnhausanlage, Vienna(Wien), Austria
5 Greenwich millennium village(Master planner, Ralph Erskine), London Borough of Greenwich, London, United Kingdom
6 Vauban District, Freiburg, Germany

3

4

5

6

1

이전에 비엔나 북역(Nordbahnhof)의 일부였던 이 부지는 지금 비엔나에서 가장 큰 도심재개발지역으로, 2005년 이 지역에 대한 공원현상공모 결과 스위스 취리히의 Hager Landschaftsarchitektur AG가 당선되었으며, 본 주거단지는 Rudolf Bednar Park 바로 옆에 위치해 있다.

단위세대 실내에서 외부조망을 위해 발코니 난간에 투명재료를 사용하기도 하는데, 이 공동주택 입면 발코니에 핑크색의 투명판을 사용하여 단조로워지기 쉬운 공동주택 입면에 생동감을 주고 있다.

1 / 2 / 3 / 4 Wohnen am Park apartment buildings, North of Rudolf Bednar Park, Vienna(Wien), Austria

2

3

4

1

2

3

Nova Harfa 지역은 이전에 공장지대였던 곳으로 지금은 폐쇄되고 주거 및 상업지역으로 탈바꿈하고 있으며, 중산층 이하의 서민들을 대상으로 한 공동주택으로서 임대료가 비교적 싸다.

발코니 난간을 채색하거나, 인접 세대와의 시각적 차단을 위한 발코니 칸막이벽을 채색하는 것은 여러 세대가 집적된 공동주택의 아이덴티티 확보에 도움이 되나 과다하게 사용될 경우 시각적인 피로도를 증가시킬 수 있다.

1/2/3/4 Nová Harfa, Podebradska street, Vysocany, Prague(Praha) 9, Czech Republic

4

2

3

발코니는 난간색채와 재료, 형태 등을 통해 건축물의 입면에 다양성을 부여할 수 있는 요소로서 종종 활용된다.

공동주택 모서리를 활용한 삼각형의 발코니나 일직선의 벽 밖에 설치된 삼각형의 발코니는 조형적 요소가 된다.

공동주택 외벽에 채색되는 색채는 지역의 전통적 색상을 사용하는 것이 일반적이나 지역의 활력을 불어넣기 위해 과감한 색상이 도입되기도 한다.

1/2/3/4 Nová Harfa, Podebradska street, Vysocany, Prague(Praha) 9, Czech Republic

4

5

6

발코니 내벽을 밝은 회색으로 채색하는 대신 발코니 난간을 녹색 파스텔톤의 반투명 막으로 하거나(Laubegg 도시 노인요양원), 발코니 내벽을 파스텔톤의 녹색이나 황색으로 채색하는 대신 발코니 난간을 밝은 회색 반투명 막으로 한 주거단지이다.

1/2/4 Laubegg Altersheim, Hegianwandweg, Zurich, Switzerland
3/5/7/9 Wohnhäuser an der Neugasse, Zurich, Switzerland
6 Zero Davey(Serviced Apartments), Hobart, Australia
8 Hegianwandweg Housing Project, Hegianwandweg, Zurich, Switzerland

7

8

9

1

2

3

4

55세 이상의 노년층을 위한 Wozoco 주거단지(총 87세대)는 북쪽으로 과다하게 돌출(11M)된 캔틸레버 구조체와 남측의 컬러풀한 발코니만으로도 매우 인상적인 느낌을 주는 건축물로서, 1950년대와 1960년대에 건설된 암스테르담 서부의 전원도시 지역에 위치해 있다.

1 / 2 / 3 / 4 / 5 / 6 / 7 WoZoCo Housing(architect : MVRDV, 1997), Ookmeerweg street, Amsterdam Osdorp, Netherlands

5

6

7

1

2

3

1 112세대가 거주하는 52~120m² 규모의 이 공동주택은 외국 이주민들을 위한 것으로, 거주자들간의 커뮤니케이션이 원활하도록 계획되었으며, 돌출된 발코니는 한쪽으로 빨강, 파랑, 초록, 노랑 등의 색상이 조합된 천으로 막아 프라이버시를 보호하고 각 세대별 정체성을 확보하는 한편, 다른 한쪽 방면으로는 개방하여 넓은 시야를 확보하고 있다.

1/2/3/4 Schluderarchitektur, Wohnbau in Wien-Simmering(architect : Dieses Zitat von H., Completion, 2004. 9), 1110 Vienna(Wien), Austria

4

1

2

3

4

5

태양을 가리기 위한 차양막은 풍부한 색상을 바탕으로 입면에 다양성을 제공해 준다. 거주자에 따라 차양의 색상이나 노출정도가 다르기 때문에 건물 바깥에서 바라보면 각 세대의 아이덴티티를 부여하는 동시에 건물 외관에 생동감을 줄 수 있다.

1/2/4 Ecolonia Lucien Kroll, Alphen aan den Rijin, Netherlands
3 Københavns Havn area, Islands Brygge, Copenhagen(København), Denmark
5 Göteborgs Central station area, Gothenburg(Göteborg), Sweden
6 Lyon, France
7 Messestadt Riem, Munich(München), Germany

6

7

창문 프레임에 다양한 색을 칠하거나 창문을 중심으로 면을 분할, 채색하여 단순한 건물 외벽에 액센트를 줄 수 있다.

백색이나 회색 등 무채색 계열의 건축물 외관에 강조색으로 사용되는 색상은 멀리서도 뚜렷하게 인식될 수 있는 빨강이나 파랑, 노랑 등 원색계열의 색상을 많이 사용한다.

전체 건물 외관중 비교적 많은 면적을 차지하는 부분의 채색은 원색을 사용하는 것보다 파스텔 톤으로 채색하는 경우가 많다.

빨강이나 파랑, 노랑 등 원색을 강조색이나 보조색으로 많이 사용하는 유럽도시들은 원색이 주는 눈의 피로도를 줄이기 위해서 명도와 채도를 낮추어 사용하는 것이 일반적이다(사진 6, 7).

1/4/5/6/7 Vauban District, Freiburg, Germany
2 Housing, Java-Eiland, Amsterdam, Netherlands
3 Cordoba, Spain

3

4

5

6

7

알프스에서 발원한 Drau 강변에 위치한 나지막한 공동주택은 베이지톤의 외벽에 파스텔톤의 원색을 강조색으로 사용하여 단조로운 외관에 개성을 부여한다.(사진 1~3)

무채색 건물외관의 특정 요소(계단이나 굴뚝, 모서리나 옥상부 등)에 밝은 원색을 강조색이나 보조색으로 사용함으로써 거주자의 인지성을 높일 수 있다.

비엔나의 외곽지역에 세워진 이 공동주택은 빨간 색과 함께 가시성이 높아 강조색으로 많이 사용되는 노란 색을 건물입면의 포인트로 활용하고 있는데, 이 지역은 전체적으로 다양한 파스텔톤의 색상을 적극적으로 사용하여 다른 지역과 차별화된 공간을 구성하고 있다.(사진 4)

1/2/3 Villach, Austria
4 12, Kabelwerke(Cable plant-the old district Altmannsdorf part of the 12th District of Vienna), Vienna(Wien), Austria

4

원래 케이블 만드는 공장이 있었던 이 지역이 1997년 12월에 폐쇄된 이후, 대규모의 버려진 땅으로 남아 있었으나 1998년 도시 설계 공모가 이루어지고 전문가들에 의한 다양한 의견들이 수렴되어 2002년 7월, 주거를 위주로 하는 조닝(zoning, 지역제)과 개발계획안이 승인되었다.

모두 14개의 블록으로 구성된 Kabelwerke는 3개의 콘도미니엄(condominium), 9개의 임대주거(rent), 1개의 아파트(apartments), 1개의 상업건물로 이루어져 있다.

파스텔톤의 색상이라 하더라도 원색을 건물 전체 외관에 사용하기 쉽지 않기 때문에 주택에 사용되는 색상은 주로 회색을 주조색으로, 녹색을 보조색으로 사용하는 반면 시각적으로 피로도가 높은 적색은 강조색으로 사용하는 경우가 일반적이다.

1 / 2 / 3 / 4 / 5 / 6 / 7 Kabelwerke, Vienna(Wien), Austria

5

6

7

1

2

3

4

5

주택 정면은 연결된 건물의 통일성을 부여하기 위해 동일한 형태의 매스에 밝은 회색을 주조색으로 사용하면서 각 세대별로는 파랑, 보라, 노랑, 빨강, 녹색의 파스텔 색상을 사용하여 건물에 아이덴티티를 부여하고 있다.

건물외벽에 과감하게 도입된 이 주택단지의 다양한 색상은 마치 동화속의 나라같은 분위기를 보여준다.

1/2/3/4/5 Kabelwerke, Vienna(Wien), Austria

1

하카다 항만개발계획에 따라 조성된 넥서스월드는 다음 세대의 우리들(Nexus = Next Us의 준말)이란 뜻으로, 4~14층 사이의 11개동, 250세대의 공동주택으로 구성되어 있으며, 프로젝트의 코디네이터 역할을 맡은 아라타 이소자키를 중심으로 스페인의 오스카 투스케(1동), 프랑스의 크리스티앙 포잠박(2~4동), 일본의 오사무 이시야마(5~7동), 오스트리아의 마크 맥(8동), 네덜란드의 렘 쿨하스(9~10동), 미국의 스티븐 홀(11동) 등 세계적인 건축가 6명이 설계한 21세기의 새로운 도시주거형이다.(사진 1~4)

마크 맥(Mark Mack)이 설계한 8동은 넥서스 월드의 L자형 대지 모서리에 위치한 주상복합 건축물로서, 원색의 색상으로 과감하게 시도된 색채계획이 특징적이다. 알루미늄 스펜드럴로 멋을 낸 노란 색의 슬라브 건물과 빨간 스터코로 마감한 벽에 목재 사시와 루버를 사용한 붉은 색상의 슬라브 건물이 주변과 대비되는 개성있는 외관을 보여주고 있다.(사진 1~4)

유럽지역의 건물 외벽에는 황토색이 많이 사용되는데, 채색을 하거나 벽돌을 사용하여 주조색이나 보조색으로 활용하는 사례가 많다.

기하학적이면서 조형성을 지니는 직선형의 매스에 깔끔하게 채색된 색상은 값비싼 외벽재료가 아니더라도 건물자체에 예술성과 품격을 부여한다.

1/2/3/4 Nexus World 8block(architect : Mark Mack), Kashii District(Masterplanner, Arata Isozaki), Fukuoka(福岡), Japan
5/7 WestHafen Housing Development, Frankfurt, Germany
6 Puente del Arenal, Rio Guadalquivir((Guadalquivir river) waterfront, Cordoba, Spain
8 Vauban District, Freiburg, Germany

2

3

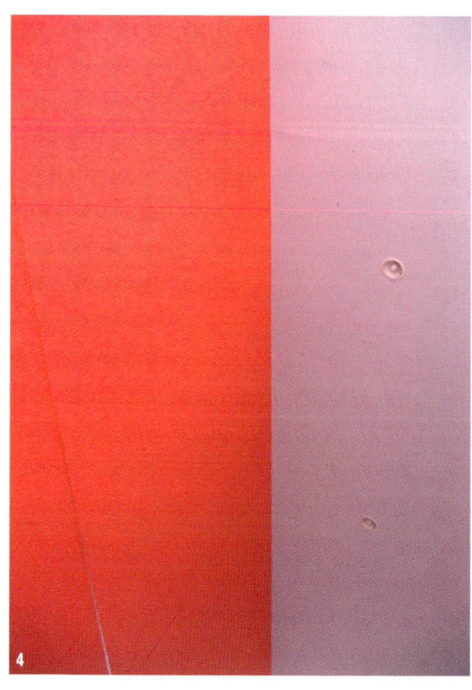

4

5

6

7

8

1

2

3

4

36만 평방미터의 새로운 Le Quartier Central 주거지역은 원래 Derendorf 화물정거장이 있었던 곳으로, D?sseldorf Wehrhahn과 S-Bahn Derendorf 사이에 건설되었다.

중정(中庭)이 있는 기차선로 옆의 이 주거단지는 기하학적으로 분할된 입면에 돌출되거나 만입된 발코니를 적색이나 황색으로 채색하여 입면의 다양성을 적극적으로 연출하고 있다. 대부분의 주변 건축물이 전통적인 경사지붕과 무채색의 외관을 가지고 있기 때문에 기하학적 매스를 지닌 이와 같은 현대건축물에 파스텔톤의 원색을 사용하는 것은 오히려 도시공간에 새로움을 창조해 낸다.

1/2/3/4/5/6 Le Quartier Central(Housing), Schinkelstrasse, Düsseldorf, Germany

6

5

1

2

3

4

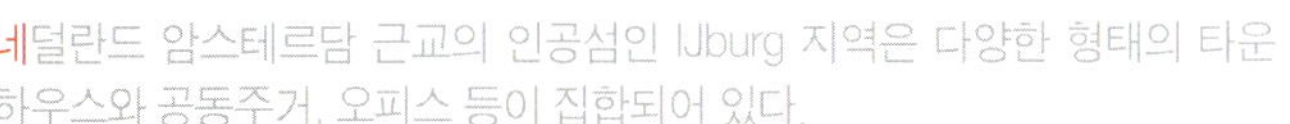

네덜란드 암스테르담 근교의 인공섬인 IJburg 지역은 다양한 형태의 타운하우스와 공동주거, 오피스 등이 집합되어 있다.

공동으로 건축된 집합주거의 형태를 띠고 있는 이 주거단지는 외벽재료와 입면구성 및 다양한 색상을 통해 각 주거의 아이덴티티를 제공한다.

1/2/3/4/5/6 IJburg, Steigereiland, Amsterdam, Netherlands

5

6

파스텔톤의 적색이나 황색, 오렌지색은 대형 건축물보다는 소규모 건축물 외관 전체에 종종 사용된다.

한 가지 색상으로 건물 전체를 마감함으로써 초래되는 시각적인 피로를 방지하기 위해 외관을 구획하여 두 가지 이상의 색상으로 입면을 분절하거나, 기둥이나 창문틀 등 특정 부위를 다른 색으로 채색하기도 한다.

선명한 붉은 색의 외관은 소규모 건축물이라 하더라도 도시경관에 커다란 영향을 미치므로 주변경관과의 연속성과 조화를 고려하여 신중하게 사용할 필요가 있다. 이 건물(좌측 상단)은 비엔나의 가소메타 주거단지에 인접한 건물로서 주변에 다양한 색상의 건축물들이 산재해 있다.

1/2 Frankfurt, Germany
3 Nuremberg(Nürnberg), Germany
4 Düsseldorf, Germany
5 Zurich, Switzerland
6 Västra Hamnen(West Harbour), Malmö, Sweden

4

5

6

2

3

4

5

6

7

8

법랑질의 적색패널은 건물외관에 가장 빈번하게 사용되는 색상으로, 다양한 형태로 변형된다.

다양한 무늬와 색상의 반투명 패널을 외벽이나 발코니 난간에 사용함으로써 건축물에 모던한 느낌을 부여하면서도 가로경관에 포인트를 줄 수 있다.

Hamburg 항구 주변의 교차로에 위치한 오피스빌딩(사진 1, 2, 7)과 Düsseldorf의 Medienhafen의 굴곡진 도로변에 위치한 활모양의 오피스건물(사진 3, 4)은 건물전체 입면을 적색의 유리패널로 구성하여 멀리서도 뚜렷한 이미지를 보여준다.

암스테르담 근교에 위치한 Almere지역은 네덜란드의 대표적인 환경생태도시로서, Almere-stad, Almere-haven, Almere-buiten 등 3개지역으로 구성되어 이는데, Amsterdam의 도시과밀을 해결할 목적으로 세워진 신도시이다. 녹색과 황색, 하늘색상의 패널로 외관을 띠처럼 둘러싼 주상복합건물(사진 5, 6)은 Almere-stad의 호수변에 위치하고 있는 대형 쇼핑몰에 위치하고 있으며 가장 높기 때문에 멀리서도 잘 볼 수 있다.

1 / 2 / 7 Pepermölenbek Bürohaus(Pepermölenbek Office Building), Hamburg, Germany
3/4 Capricorn House, Medien Hafen, Düsseldorf, Germany
5/6 The Smagarad, Almere, Netherlands
8 Oslo Central Station, Oslo, Norway

5

6

7

JDS Archtects가 VM House 바로 옆에 설계한 이 주거건물은 전형적인 인공식 테라스하우스로서, 평지 위에 건립되어 있기 때문에 하부부분 역시 상부의 계단식 테라스에 맞추어 경사로로 주차장을 구성하고 주차구획은 천정을 색상별로 구분하여 조닝하였다.

테라스하우스와 실내주차장이 결합된 25,000평방미터의 이 건축물은 지상에서 진입하여 경사로를 따라 주행과 주차가 가능하도록 계획되어 있으며, 주차공간 천정을 빨강과 노랑, 초록, 주황 등 다양한 색상으로 구분하여 외부에 드러나도록 하고 있다.

주차장이 위치한 하부공간의 외벽은 펀칭메탈을 이용하여 산맥을 표현하고, 테라스 하우스가 있는 상부공간과는 계단식 하부공간에 계단을 만들고 천정을 채색패널로 마감하여 멀리서보면 마치 이빨처럼 보인다.(사진 2, 3)

1/2/3/4/5/6/7/8/9 Mountain Dwellings(architect : JDS), Ørestad, Copenhagen(København), Denmark

8

9

1 Gasometer, Vienna(Wien), Austria
2 Nuremberg(Nürnberg), Germany
3 Villach, Austria
4 COCO Valley shopping center, Langkawi, Malaysia
5 The International Center For Life(architect : Terry Farrell), Newcastle, United Kingdom
6 Montessori school, IJburg John Hadleystraat, Amsterdam, Netherlands

2

3

4

5

6

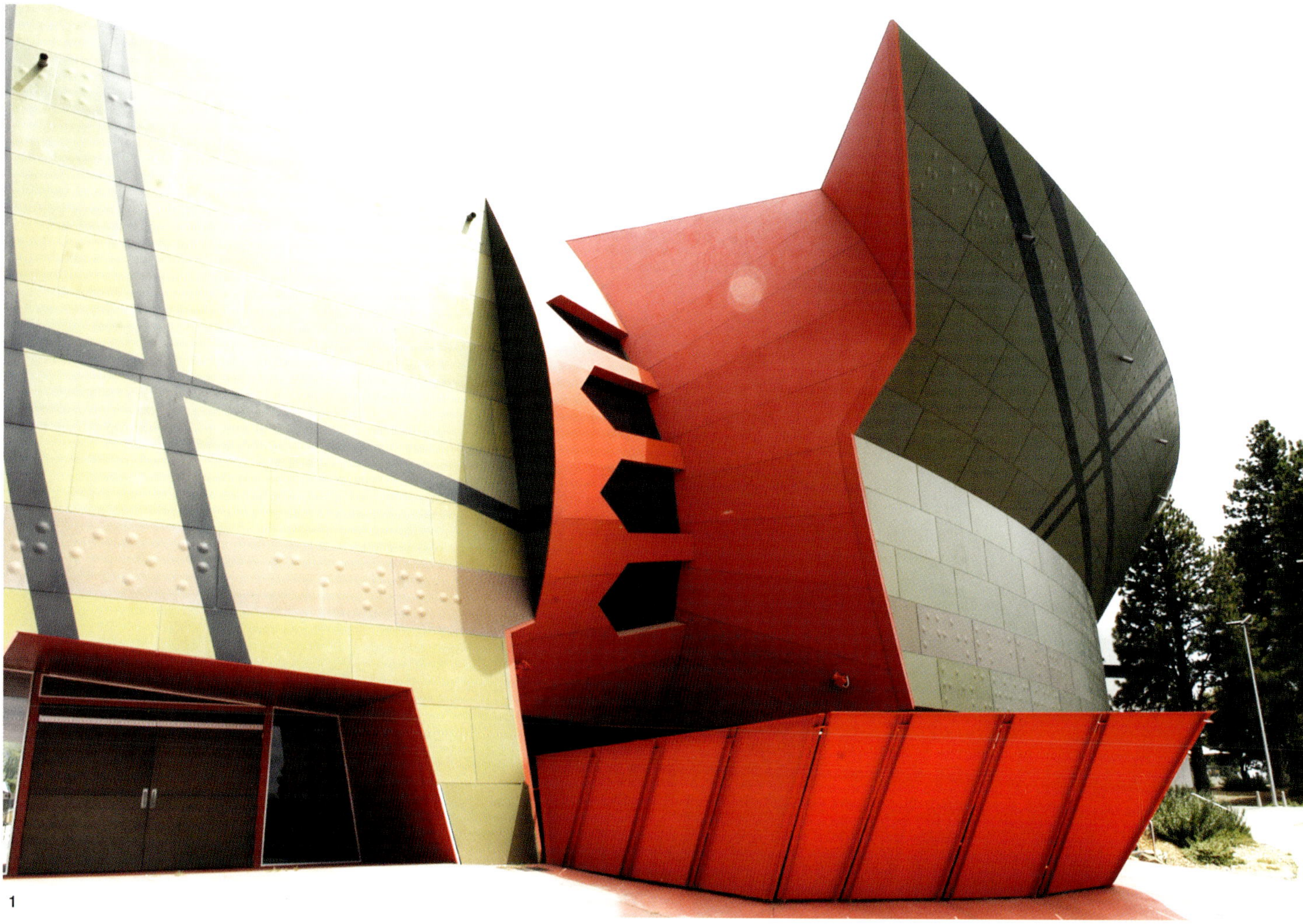

1

2

호주대륙의 인종과 사회사, 국가형성과정의 여러 사건 등을 보존, 전시하는 이 건축물(2001년 준공)은 호주사람들의 여러 이야기를 함께 모아 놓았음을 상징하는 '매듭을 묶은 로프(knotted ropes)' 라는 주제에 기초하고 있으며, 호주의 새로운 수도인 캔버라의 벌리 그리핀 호수(Lake Burley Griffen) 주변에 위치해 있다.

건물 외부는 애노다이징 알루미늄 패널(anodised aluminium panels)로 덮여 있으며, 많은 패널에는 다른 장식문장들과 함께 점자들이 적혀 있는데, '친구' 나 '미안합니다', '대량학살을 용서하소서' 등이다. 호주의 다민족 국가를 상징하는 여러 언어의 문장들과, 호주 원주민들의 역사를 중심으로 전시된 이 국립박물관은 알루미늄 패널을 인공적으로 부식시켜 빨간 색, 노란 색, 검은 색과 하얀 색을 조화롭게 구성하고 있다.

1 / 2 / 3 / 4 / 5 / 6 National Museum of Australia(architect : Howard Raggatt), Canberra, Australia

3

4

5

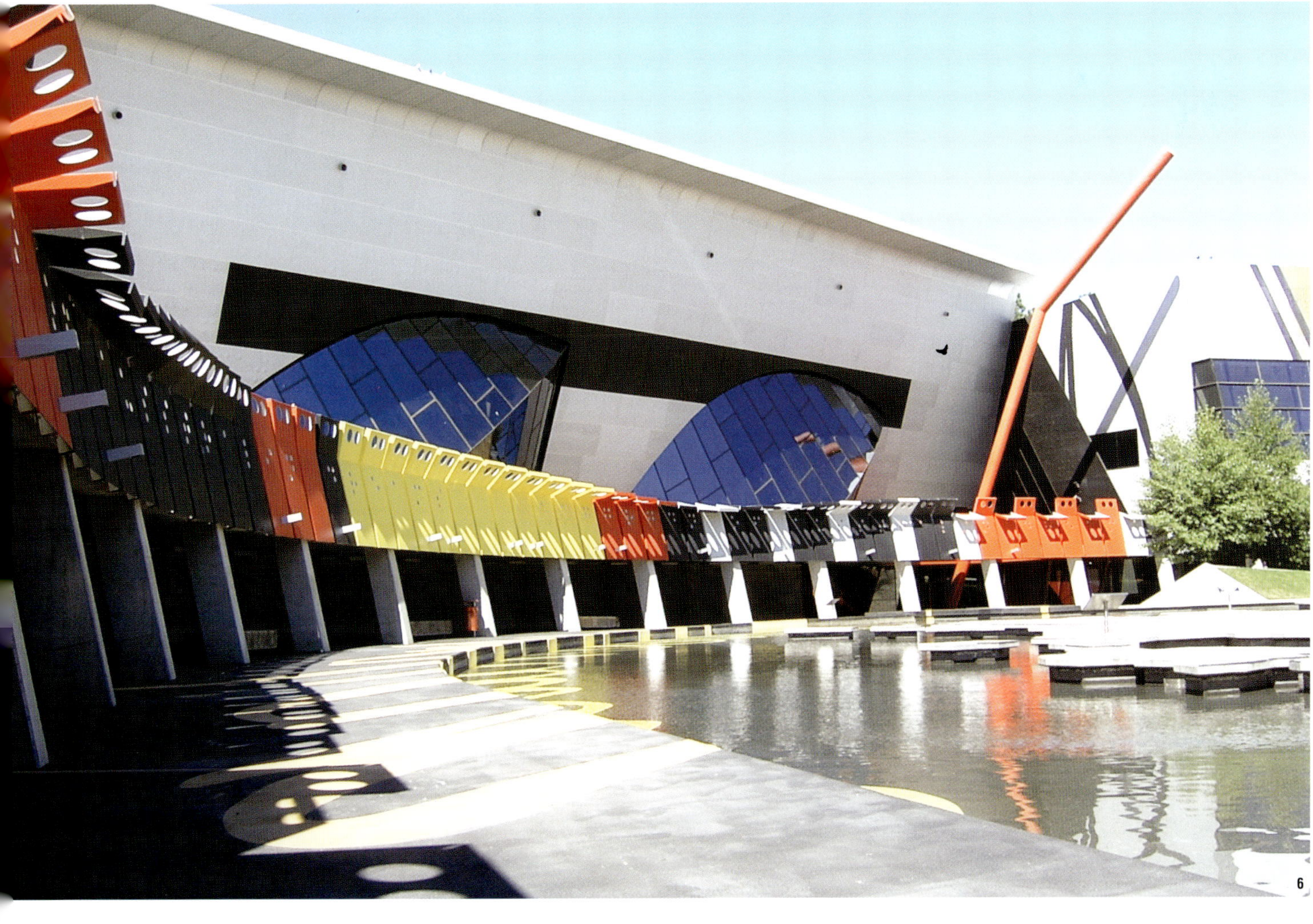

6

도시가로변 건축물 외관에 도입되는 색상은 강조되어 사용될 경우 매우 효과적이다. 하지만 가로에 사용되는 색상이 너무 많게 되면 이는 가로경관을 개선하기보다는 오히려 혼란스럽게 만들 가능성이 크다.

유럽의 도시가로에 사용되는 색채는 전통성을 보존한 가운데 가로변 모서리나 특징적인 몇몇 건축물들에 사용됨으로써 가로의 주요 초점으로서 매력적인 포인트가 된다.

1 Vienna(Wien), Austria
2 Convention Center, Kitakyushu(北九州), Japan
3 Rogers Building, Daimler Quartier, Potsdamer Platz, Berlin, Germany
4 Sky Jump area, Auckland, New Zealand
5 Nuremberg(Nürnberg), Germany
6 Lilla Bommen(official name, or The Skanska Scraper, Lipstick Gothenburg), Gothenburg(Göteborg), Sweden
7 Ogilvy, Medien Hafen, Düsseldorf, Germany

4

5

6

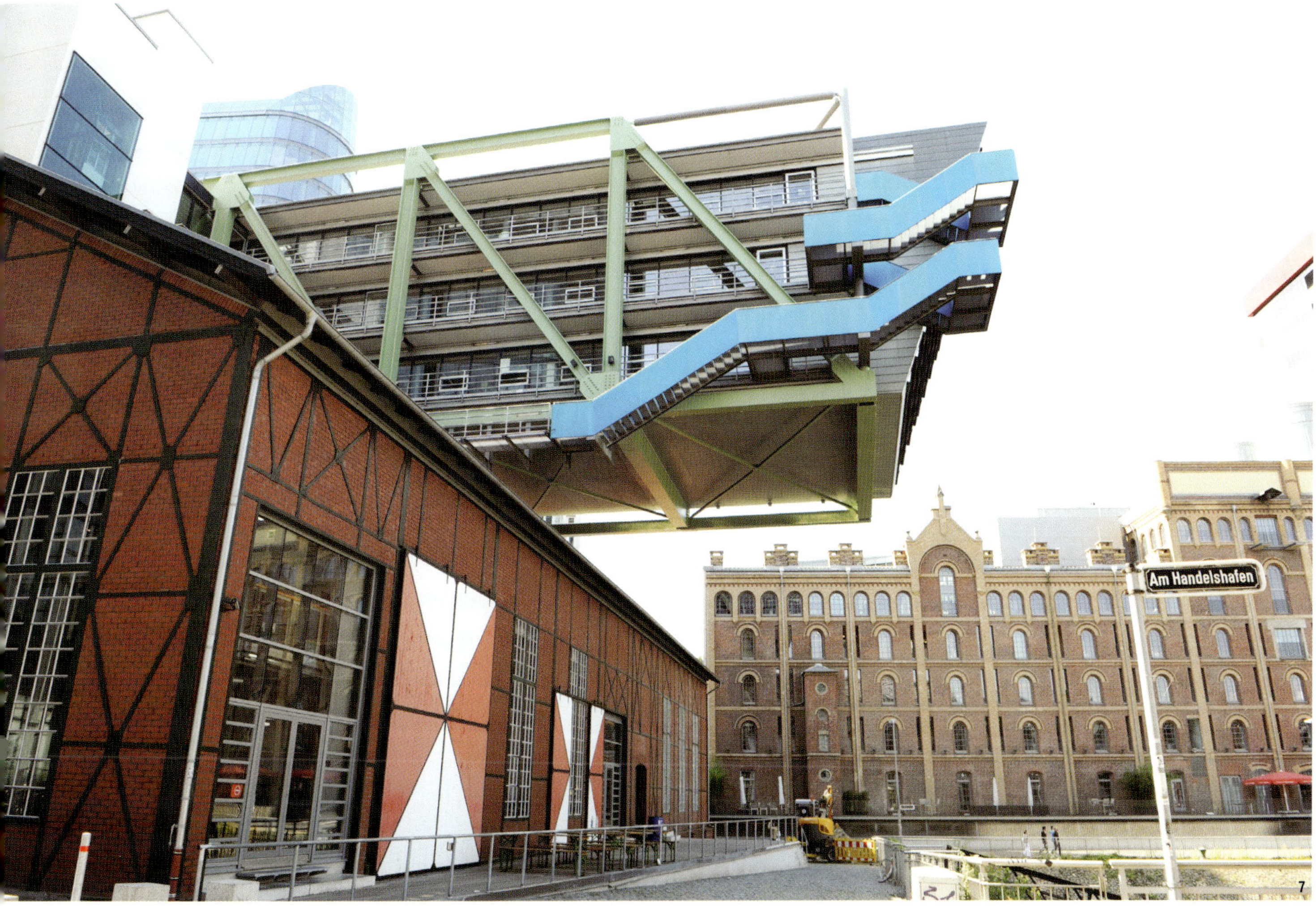

7

1

화가 겸 건축가인 Hundertwasser가 설계한 Hundertwasserhaus는 캔버스 위에 그린 그림처럼 독특한 외관을 지닌다.

공동주택인 Hundertwasserhaus(architect : Hundertwasser)는 건물 정면을 각 세대별로 분할하여 채색함으로써 마치 화가가 추상적인 입면을 구성한 것 같은 느낌을 준다.
특히 옥상과 발코니, 벽면을 녹화하여 친환경적인 건물처럼 보이게 함으로써 Hundertwasser는 화가가 만든 단순한 캔버스위의 그림이 아닌 개념적 특성을 건축물에 불어 넣었다.

1 / 2 / 3 / 4 / 5 Hundertwasser House(architect : Friedensreich Hundertwasser)(December 15, 1928 - February 19, 2000), Vienna(Wien), Austria

1

2

3

4

얼핏 보아 놀이동산처럼 보이는 슈피텔라우(Spittelau)(사진 1~5)는 쓰레기 소각장으로서, 건물입면을 흑색과 회색의 격자형태로 분할하고 창문을 적절히 배치함으로써 공동주택인 Hundertwasserhaus와 전체적인 분위기가 유사하다. 일본 오사카에 있는 열 폐기물 처리장도 이와 비슷한 스타일로 건립되었다.

1 / 2 / 3 / 4 / 5 District Heating Plant(Hundertwasser Fernwärme), Spittelau(architect : Friedensreich Hundertwasser), Vienna(Wien), Austria

5

짙은 노란 색의 벽면에 비뚤어진 형태로 돌출되어 있는 창문 프레임은 다양한 톤으로 칠해진 녹색프레임과 나무틀로 인하여 장난감같은 분위기를 연출한다.(사진 1~4)

도시의 색은 지역적인 전통을 잘 보여줄 수 있는 것이 바람직하다. 이와 같은 측면에서 짙은 황색과 어두운 적색으로 대비되는 세비야의 투우장 외관 색상은 지중해에 면한 스페인의 지역색상으로서 열정적인 라틴계 민족의 열정을 적절히 잘 보여준다.(사진 7)

1/2/3/4 Prague(Praha), Czech Republic
5 Außenalster area, Hamburg, Germany
6 Düsseldorf, Germany
7 Plaza de Toros de la Maestranza(투우장, Hans Hollein 1999), Sevilla, Spain

건축물 외관에 사용되는 색채는 그 독특한 형태와 더불어 뚜렷한 이미지를 보여준다. 선택된 마감재료와 형태적 조소성, 그리고 덧붙여진 색채의 독창성은 건축물을 품위있게 해 주며, 인지성을 증가시킬 수 있다.

바르셀로나의 Avenida Cambo 지역 도시재개발에 따라 기존 시장에 대한 혁신적인 리노베이션이 이루어졌는데, EMBT Studio가 디자인한 이 시장(市場)의 가장 뚜렷한 특징은 물결치는 듯한 지붕에 다양한 색상의 벌집무늬 문양을 세라믹타일로 모자이크화한 것이다.(사진 8)

1/2 Borneo Island (architect : EMBT Arquitects Associats), Amsterdam, Netherlands
3 ArenA(architect : Rob Schuurman), Amsterdam, Netherlands
4 Arnhem Velperpoort railway station, Arnhem, Netherlands
5 Diagonal Mar street, Barcelona, Spain
6 Melbourne Science Centre, Melbourne Museum, Melbourne, Australia
7 Mercado de santa Caterina(architect : EMBT Studio), Barcelona, Spain

호주국립은행 본사건물(사진 1, 2)과 The Colorium 빌딩은 모두 건물입면에 여러 가지 색상을 도입하여 멀리서도 잘 인지할 수 있는데, 멜버른 도크랜즈의 재개발지역에 위치하고 있는 호주국립은행은 입면에 칼라풀한 더블스킨을 덧댄 반면, The Colorium 빌딩은 건물 외벽재료로 다양한 색상의 유리판을 사용하고 있다.

1/2 National Australia Bank HQ, Docklands, Melbourne, Australia
3/4/5/6 Das Colorium(architect : William Allen Alsop), Medien Hafen, Düsseldorf, Germany

외벽의 유리 커튼월에 빨간색과 노랑, 초록, 파란색의 가느다란 띠를 불규칙한 간격으로 부착한 것처럼 보이는 90m 높이의 Berliner Tor Center는 함부르크의 대표적인 랜드마크가 되고 있다.(사진 1~3)

주차장 건물 입면에 초록색과 하늘색, 황토색이 칠해진 막대모양의 얇은 철판을 수직으로 병렬시켜 앞에서 보면 선처럼 보여 눈에 잘 띄지 않으나 좌우 옆에서 보면 철판의 색상이 중첩되어 변화감있는 입면을 구성하고 있는데(사진 4~5), 이와 같은 유사사례는 여러 용도의 건축물(사진 6~8)에서 볼 수 있다.

1/2/3 Berliner Tor, Hamburg, Germany
4/5 Petri P-Hus(Parking Garage), Malmö, Sweden
6/7 ørestad college(architect : 3xn arkitekter), ørestad, Copenhagen(Købenbavn), Denmark
8 Zuidas, Amsterdam, Netherlands
9 Media markt, Almere, Netherlands

4

5

6

7

8

9

1

오스트리아 Villach의 Congress Center는 외벽 일부를 붉은 색의 법랑으로 마감함으로써 주변 건축물과 대비되는 뚜렷한 이미지를 보여준다.(사진 1)

강당의 전실이자 홀로 이용되는 붉은 색의 박스형 매스는 전체적으로 무채색 계열인 흑색 및 회색의 본 건물이나 주변건축물과 뚜렷하게 대비된다.(사진 2)

일본 키타규슈시의 강가에 세워진 리버워크(Riverwalk) 쇼핑몰은 미국건축가인 존 저디(Jon Jerde)가 설계한 건축물로 적색과 황색, 흑색 등 다채로운 색상을 이용하여 분리된 여러 매스들을 조합하고 있다.(사진 3~4)

TPA Krone Center는 Kronen 신문사와 각종 업무시설이 들어있는 그라츠 공과대학 인근 건물로 뱃머리 모양의 건물 형태와 빨간 색의 법랑으로 마감된 외관색상이 주변건물과 파격적으로 대비되는 블록 모서리의 건물이다.(사진 6~7)

1 / 2 Congress Center, Villach, Austria
3 / 4 Riverwalk Shopping Mall(architect : Jon Jerde), Kitakyushu(北九州), Japan
5 Diagonal Mar National Exhibition, Barcelona, Spain
6 / 7 TPA Krone Center, Graz, Austria

2

3

4

5

6

7

1

PRIVAT - MUSEUM

2

3

취리히 호수 근처의 호른공원에 위치하고 있는 꼬르뷔제 센터(Centre le Corbusier)는 원래 Heidi Weber 부인을 위한 주택(Heidi Weber Pavilion)으로 설계되었으나 지금은 꼬르뷔제의 회화나 조각, 서적들을 전시하는 미술관 용도로 사용되고 있다.

4

5

6

다양한 형태와 색상의 컨테이너가 단층 혹은 3층으로 쌓여 공사판의 임시사무공간으로 활용되는데, 이를 인위적으로 모방한 컨테이너 하우스들이 실제 건축물로서 건립되고 있다.

건설현장의 일시적인 사무공간으로 사용되는 컨테이너 박스는 가시성이 매우 높은 원색의 색상으로 채색된다.

1/2/3/4 Center Le Corbusier, Zurich, Switzerland
5 Rotterdam, Netherlands
6 Amsterdam, Netherlands
7 IT University, Copenhagen(København), Denmark
8 Göteborgs Central station, Gothenburg(Göteborg), Sweden
9 Düsseldorf, Germany
10 Kamppi, Copenhagen(København), Denmark

7

8

9

10

VUmc Cancer Center Amsterdam
VUmc

다양한 색상의 컨테이너 박스를 쌓아 올려 만든 것 같은 건축물들은 시공의 편의성과 공사기간의 단축 때문에 최근에 많이 건립되고 있는데, MVRDV가 설계한 암스테르담 암센터(사진 1~3)와 취리히대학 세미나룸(Gemeinsamer Lehrbereich)(사진 4), 그리고 함부르크 항의 크루즈센터 등은 대표적인 건축물이다.

1/2/3 VUmc-Cancer Center Amsterdam(architect : MVRDV), Amsterdam, Netherlands
4 Zurich Univ., Geneinsamer Lehrbereich, Zurich, Switzerland
5 Venice(Venezia), Italy
6 Hamburg Cruise Center, Hamburg, Germany

1

2

하얀 색의 건물과 가로는 여름철의 고온건조한 지중해성 기후가 만들어 낸 지역색상이다.

은 푸른 빛의 바다와 둥근 성당 지붕의 빨간 색과 파란 색은 하얀 색 일색인 도시나 건축물과 잘 조화된다.

1/2 Mykonos(Μύκονος), Greece
3/4/5 Fira, Santorini(Σαντορίνη), Greece

4

5

CAFE
CREPERIE
KOO
CLUB
DIONYSOS
ταβερνα
in atlantis
café - restaurant
la mamounia
NEXT GENERATION

1

1/2/3/4/5 Fira, Santorini(Σαντορίνη), Greece

1

지중해 도시의 분위기가 물씬 풍기는 하얀 색과 푸른 하늘 색이 어우러진 건물은 지중해를 중심으로 남쪽 지역에 면한 국가들에게서 보편적으로 볼 수 있는 색조이다.

보통 건물외벽은 하얀 색을, 기둥이나 창문틀은 하늘처럼 푸른 색을 사용하는 것이 일반적으로, 지역적으로 고온건조한 기후적 특성을 반영한 것이며 역사적으로 오랜 기간동안 사용함으로써 생활 속에 깊이 파고 든 종교적 색채가 짙은 색으로 사용되고 있다.

1/2/3/4/5/6 Sidi Bou Said, Tunis(تونس), Tunisia

2

3

4

5

6

1

2

3

4

녹슨 철판을 사용한 듯한 외관은 마치 오래 된 건물처럼 보인다. 앤틱(antique) 분위기를 강조하기 위해 바르셀로나의 포블레노 공원처럼 부서진 철판조각을 끼워 맞춰 만든 문처럼 보이게 만든 사례도 있다.(우측 페이지 사진 7, 9)

1 AC Hotel, Cordoba, Spain
2 Abades Triana(restaurant), Sevilla, Spain
3 Palacio Euskalduna(architect : S&Aa), Bilbao, Spain
4 Gallery Space DA, 798 Art Zone(798 Art District or Factory 798, 798 艺术区), Beijing(北京), China
5 Caixa Forum(architect : Herzog & De Meuron), Madrid, Spain
6/8 ACCA(architect : Wood Marsh), Melbourne, Australia
7/9 Parc del Centre del Poblenou, Diagonal, Barcelona, Spain

5

6

7

8

9

2

3

막구조를 사용하여 기존 건물 사이를 연결한 전시용도의 이 구조물은 인지성을 높일 수 있도록 외관 전체를 짙은 녹색으로 채색하였다.

1/2/3/4/5 Designers Saturday, Oslo, Norway

4

5

고풍스런 거리나 고성(古城)에서 가끔씩 보이는 빨간, 혹은 파란 색상의 가로적 요소들은 거리를 기억하기 쉽게 만든다.

1 Kniebrücke(Knee Bridge), Medien Hafen, Düsseldorf, Germany
2/3 Edinburgh, United Kingdom
4/5 Manchester, United Kingdom
6 Dublin Castle, Dublin, Ireland

4

A gift from Vodafone.
Unlimited texts when
you TopUp £5.
vodafone.co.uk
FAR EAST
MANCHESTER
AIRPORT
CONNECT TO MORE THAN 30 CITIES IN THE FAR EAST
CONCEPT
5

6

1

2

3

4

5

무채색의 거리나 골목에서 눈에 띄는 빨간색, 혹은 파란 색, 녹색 건물들은 사람들이 쉽게 인식할 수 있도록 할 뿐 아니라 단조롭기 쉬운 가로에 생동감과 즐거움을 선사한다.

1 Maastricht, Netherlands
2 Prague(Praha), Czech Republic
3 Le Quartier Central area, Düsseldorf, Germany
4 Kolin, Czech Republic
5 Oslo, Norway

1

유럽의 도시에서 가장 많이 발견할 수 있는 짙은 노란 색의 벽면 색상은 건물의 한쪽 윙(wing)에, 혹은 가로의 한 모퉁이에, 혹은 광장의 모서리 등에 사용되어 무채색의 거리에서 시각적인 초점으로 작용한다.

1 Benedictine Temple, Szechenyi ter(Szechenyi square), Gyor, Hungary
2 Västra Hamnen(West Harbour), Malmö, Sweden
3 Vienna(Wien), Austria
4 Gyor, Hungary
5 Copenhagen(København), Denmark

2

3

4

5

1

2

1 Shimonoseki(下關), Japan 2/4 Kiyomizu Temple(清水寺), Kyoto(京都), Japan 3/5 Kenrokuen Park(兼六園), Kanazawa(金沢), Japan

1

동양의 고건축 기본 구성요소는 유사하나 처마나 기와, 공포(栱包), 기둥 등 각 부재들의 색상이나 단청무늬는 지역특성에 따라 다양하게 채색된다.

1 Kiyomizu Temple(清水寺), Kyoto(京都), Japan
2 Summer Palace(頤和園), Beijing(北京), China
3/4/5 Forbidden City(紫禁城 or 故宮博物院), Beijing(北京), China

1

동남아시아처럼 남방(南方)으로 갈수록 지붕의 장식이나 색채는 보다 더 화려해진다.

짙은 붉은 색의 지붕색상이나 기둥은 인도차이나 반도의 남방계 건축이 중국문화의 영향을 받았음을 시사해 준다.

1/2/4/5 Malaka, Malaysia
3 Bangkok, Thailand

CHAPTER_1-2

BUILDING EXTERIOR & INTERIOR

1-2_ 건축물 외관 및 실내

건축물 외관의 색상과 건축물 내부 색상이 반드시 연계되어 있지는 않으나 일반적으로 놀이시설이나 쇼핑센터 등 상업용도 건축물의 경우, 시각적으로 잘 인식할 수 있도록 하면서 내부 쇼핑공간에서의 쇼핑욕구를 자극하거나 놀이시설에서의 즐거운 분위기를 연출하기 위해 내외부 색상이 매우 화려하게 채색되는 사례가 많다.

가소메타 시티(Gasometer City) 복합용도 재개발의 일부로서 건립된 이 건물은 가소메타 주거단지 하부의 쇼핑몰과 육교로 연결된 엔터테인먼트 용도의 상업건축물이다.

영화관(KINO), 오락실, 바(Bar), 레스토랑과 각종 숍(shop)들이 들어 있는 이 건물은 형형색색의 투명유리판으로 외관을 마감하여 외관상으로도 오락과 쇼핑위주의 상업건축물임을 알 수 있다.

다양한 색상의 투명유리를 투과하여 실내에 유입된 햇빛은 동일 계열의 색상으로 마감된 실내 벽과 어우러져 환상적인 분위기를 연출한다.

1/2/3/4/5 Hollywood Megaplex, Gasometer City, Vienna(Wien), Austria

1

2

MEGA

3

MEGAPLEX
Hollywood
KINO
CARD CASINO

4

Hollywood
KINO
SHOPS
RESTAURANTS
BARS
GAMES
GASOMETER
KINO
SHOPS
LIFT

5

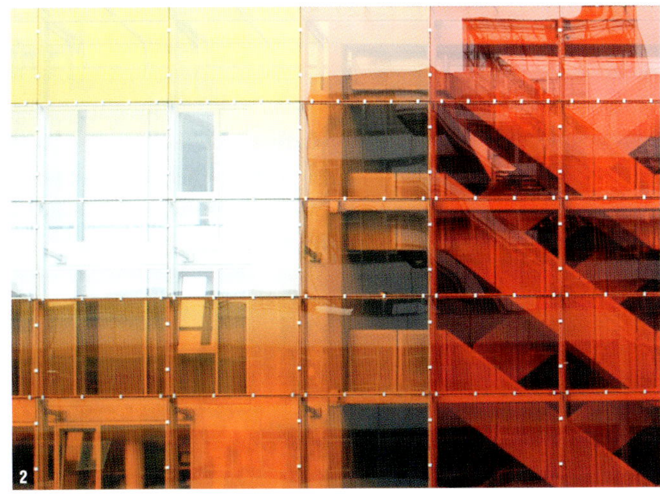

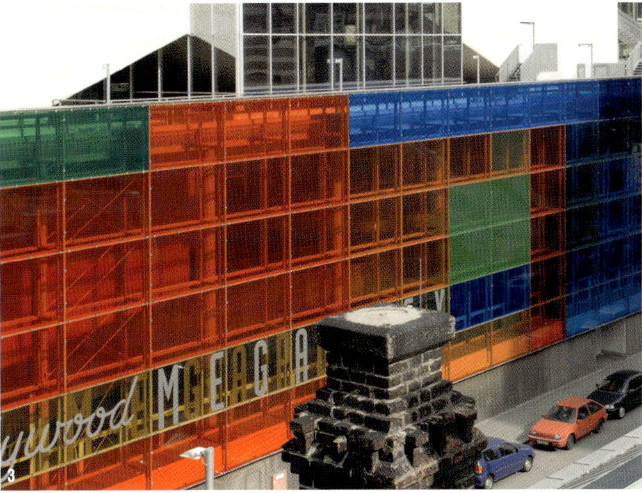

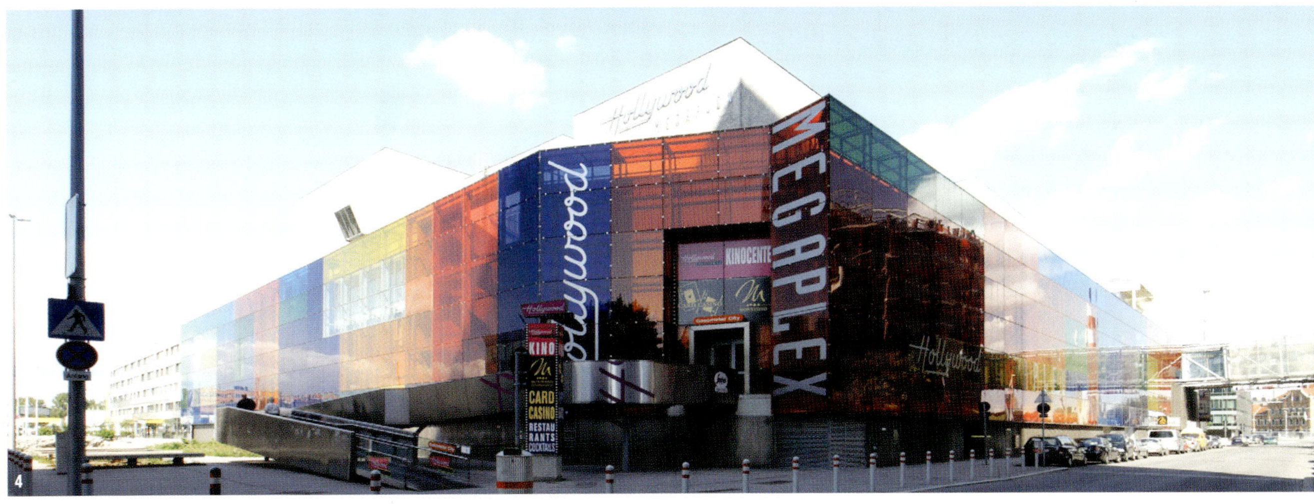

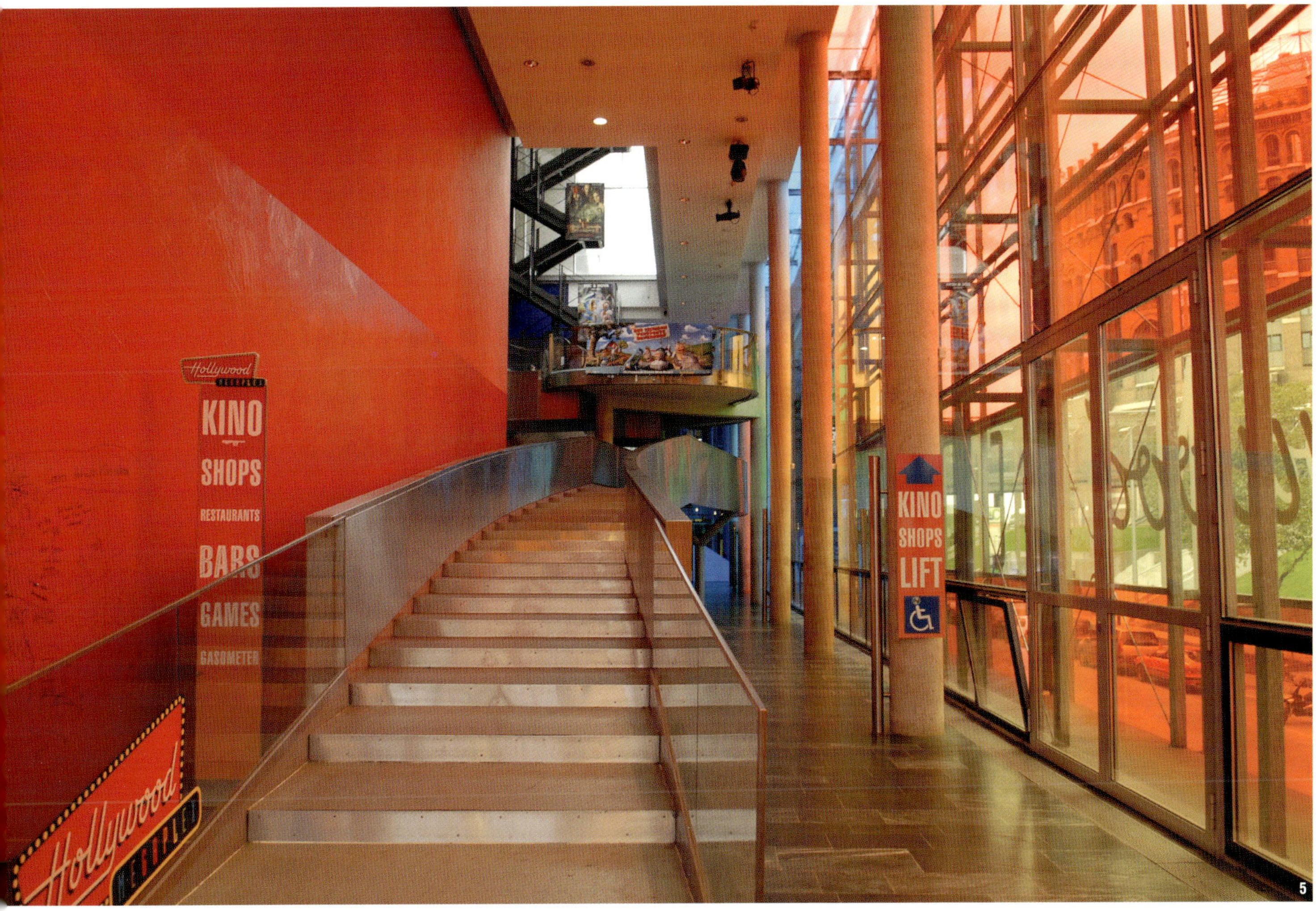

1/2/3 Hollywood Megaplex, Gasometer City, Vienna(Wien), Austria

3

1

네덜란드 Almere 신도시의 중심지역(Almere-Stad)에 위치하고 있는 이 건물은 UWV와 CWI의 2동으로 구성되어 있는 오피스 빌딩으로, 외관에 보는 각도에 따라 다른 색깔로 보이는 반투명 패널을 사용하여 실내에 유입된 빛을 통하여 환상적인 분위기를 연출하고 있다.

이 건물은 주변이 주거지역이기 때문에 블록 외부의 주거지역에 면한 부분은 회색계열의 무채색으로 마감한 반면, 화살표 모양의 오피스동과 ㄷ자 모양의 오피스동 사이에 형성되는 외부공간은 블록 밖에서는 보이지 않기 때문에 무지개 색상을 연출하는 반투명 재료를 사용하여 색다른 외부공간을 보여준다.

1/2/3/4/5/6/7/8 UWV and CWI Almere, Almere, Netherlands

2

3

CWI Almere, Almere, Netherlands

3

Reina Sofia 국립미술관은 기존 미술관의 모서리 부분에다 중정과 출입구 및 카페테리아를 증축한 것으로, 증축부분 외관전체와 내부를 모두 붉은 색의 법랑으로 마감한 흔치 않은 건물이다.

적색의 법랑 외관과 내부공간은 무채색의 기존 미술관과 적절히 조화된다.

1/2/3/4/5/6 Museo Nacional Centro de Arte Reina Sofia(architect : Jean Nouvel), Madrid, Spain

4

5

6

Museo Nacional Centro de Arte Reina Sofia(architect : Jean Nouvel), Madrid, Spain

Hotel Puerta de America는 Jean Nouvel, Zaha Hadid, Ron Arad, Norman Foster(Floor 2), Arata Isozaki(Floor 10) 등 세계적으로 유명한 여러 건축가 및 디자이너들이 함께 작업한 건축물로서, 적색과 청색의 그라데이션(gradation)으로 처리한 건물외관뿐만 아니라 건물 내부 역시 다양한 색상과 독특한 재료와 형태를 사용하여 독창적이면서 파격적으로 디자인되었다.

건물 외벽에 여러 나라의 언어로 쓰여진 시귀(詩句)는 Paul Eluard의 "Liberte"로서 적색과 청색의 그라데이션과 잘 조화된다.

1 / 2 / 3 / 4 Hotel Puerta de America exterior(façade design : Jean Nouvel, facade poem : Paul Eluard "Liberte"), Madrid, Spain

Gezeiten
Liberté
tempestades
munteren
of my mirror
fruit
名字在燃烧
Sur les
surprise
hotel
PUERT

내부공간은 백색과 적색계열이 주로 사용되었으며, 조명과 조형물, 재료 등이 적절히 어우러져 개성있고 다양한 공간을 창출하고 있다.

1 Hotel Puerta de America exterior, Madrid, Spain
2 Hotel Puerta de America 8F(interior design : Kathryn Findlay)
3 Hotel Puerta de America 1F(interior design : Zaha Hadid)
4/5 Hotel Puerta de America 6F(interior design : Marc Newson)
6 Hotel Puerta de America 11F(interior design : Javier Mariscal)
7/8 Hotel Puerta de America 7F(interior design : Ron Arad)

4

5

6

7

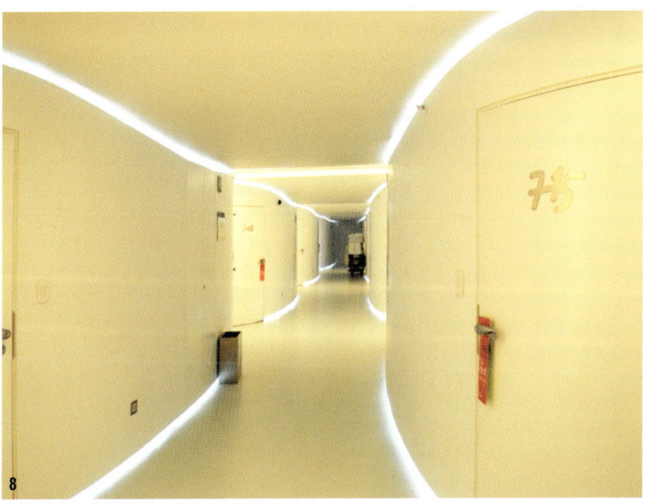

8

MVRDV가 설계한 Silodam Housing은 IJ강 밑바닥을 매립하여 해저높이를 높인 바다 위에 건설된 공동주택으로서, 다양한 색상의 컨테이너박스를 쌓아올린 듯한 구조로 건물의 위치나 형태가 독특할 뿐 아니라 복도나 계단 또한 각각 다른 색상으로 구분하여 공동주택이면서도 단독주택의 정체성을 살리고 있다.

건축물 내부의 벽면일부나 복도 전체를 파스텔톤의 짙은 색상으로 채색하여 개성있는 공간을 만들 수 있다.

1/2/3/4 Silodam Housing(architect : MVRDV). Amsterdam, Netherlands

2

3

4

1

1/2/3/4/5/6 Silodam Housing(architect : MVRDV). Amsterdam, Netherlands

1

2

1998년에 문을 닫은 아동병원의 대지위에 건립된 이 건물은 82세대의 아파트와 연면적 12,000㎡의 사무공간, 260여대 규모의 지하주차장 등이 복합되어 신축되었다.

회색계열의 외관에 캔틸레버로 돌출시켜 눈에 띄는 빨간 색으로 마감한 건물 뒤편의 입면은 조각적인 형태로 매우 강렬한 인상을 주고 있으며 측면과 정면에도 빨간 색의 격자를 부분적으로 도입하여 건축물의 인지성을 강화시키고 있다.

1 / 2 / 3 / 4 / 5 Apartment & Office Building(architect : COOP Himmelblau), Vienna(Wien), Austria

3

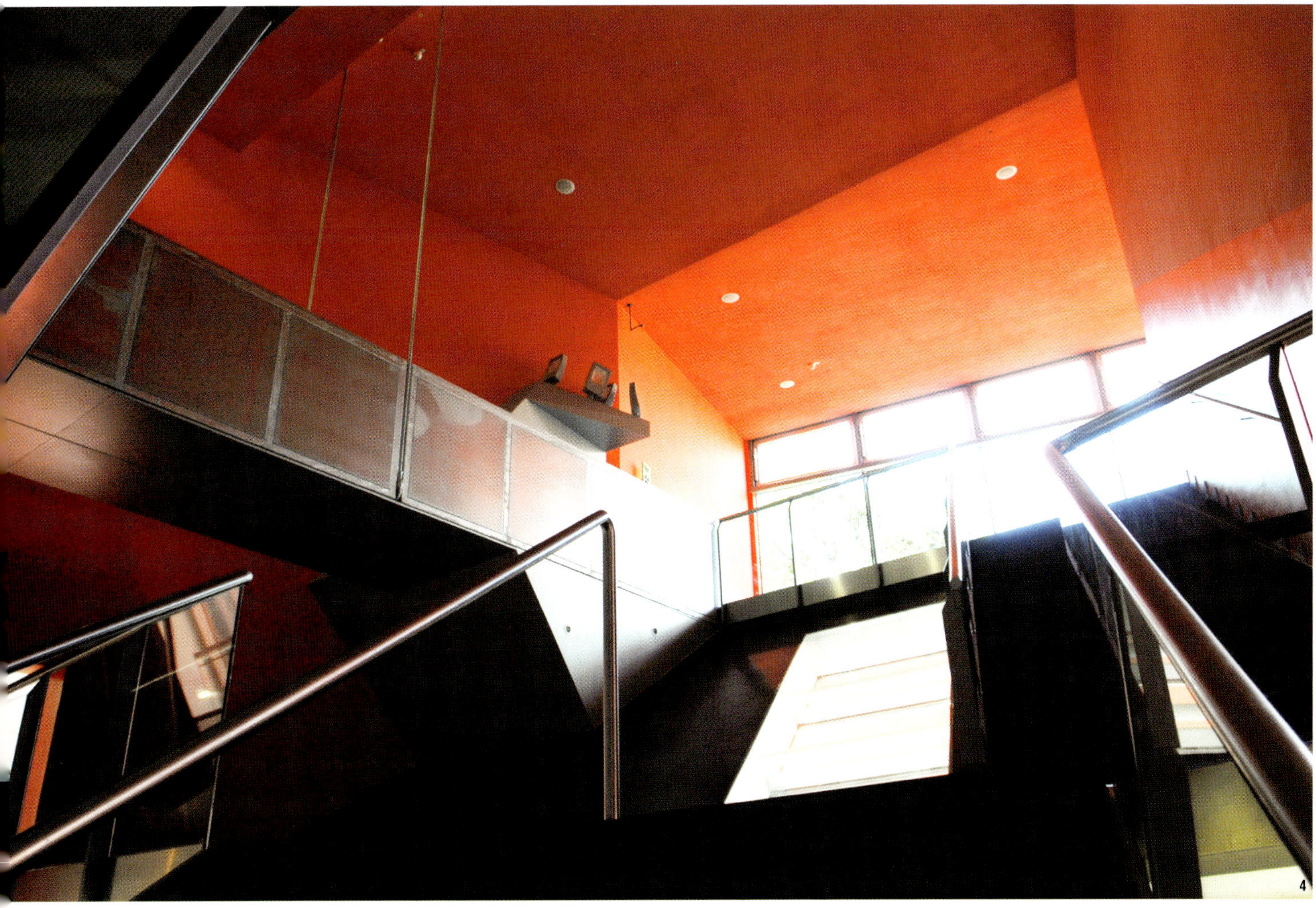

4

5

1

2

기하학적인 모양의 박스와 다양한 색상들을 조합한 이 건축물은 그 형태와 색상으로 인해 독특한 외관을 형성하고 있을 뿐 아니라 외부적 특성을 건물 내부로 끌여들여 외관에 사용된 여러 색상과 형태들을 건물 내부의 중정과 계단 핸드레일에 적용시키고 있다.

1 / 2 / 3 / 4 / 5 VCA(Victoria College of Arts) Drama, Melbourne University, Melbourne, Australia

1

ATC(Asia-Pacific Trade Center)는 오사카의 남항(南港, Nanko)에 위치하고 있는데, O' s 2동(6층)과 ITM(12층) 1동으로 이루어진 대규모 복합용도건축물이다.

패션잡화 위주의 아울렛몰(MARE)과 다양한 쇼룸이 입주해 있는 12층의 ITM(International Trade Mart)동은 쇼핑몰답게 내부는 여러 가지 색상으로 내부공간을 구성하여 약간은 혼잡스러운, 마치 놀이공원같은 분위기를 보여준다.

1/2/3/4/5/6 ATC Building, Osaka(大阪), Japan

2

3

4

5

6

CHAPTER_1-3

BUILDING INTERIOR

1-3_ 건축물 실내

Lowry Centre는 맨체스터의 샐포드 부두(Salford Quays)에 위치한 극장 및 미술관 복합건축물로서, 아동미술관, 드라마 스튜디오, 2개의 극장, 리허설룸, 바(bar), 카페, 소매점포 등이 입주해 있으며, 내부공간 전체는 파스텔톤의 적색과 청색, 황색, 녹색, 보라색 등이 다양하게 채색되어 생동감있는 공간을 구성하고 있다.

1 / 2 / 3 / 4 / 5 The Lowry Center(architect : Michael Wilford), Salford Quays, Manchester, United Kingdom

1

3

4

5

1

2

3

4

1/2/3/4/5/6/7 The Lowry Center(architect : Michael Wilford), Salford Quays, Manchester, United Kingdom

5

6

7

복도나 중정 등을 채색하여 자연광이나 인공조명으로 비춤으로써 특정 공간에 개성있는 분위기를 부여할 수 있다.

이 건물은 예산문제 때문에 내부공간에 비싼 회반죽 마감이나 반사유리벽, 유리 파티션, 세라믹타일 등의 재료를 실내 마감재료로 사용하는 대신 색상을 사용하여 마감한 것이다. 각 층은 녹색(green)과 황색(yellow)으로 구분하여 채색하였으며, 계단에는 밝은 오렌지색(orange)을, 화장실에는 진한 하늘색을 채색하였다.

1 / 2 / 3 / 4 / 5 / 6 / 7 / 8 Community Center Aussersihi Part2(architect : EM2N), Zurich, Switzerland

4

5

6

7

8

1

2

실내에 빨강, 노랑, 파랑 등의 색채를 사용함으로써 실내공간의 장식적 효과를 기대할 수 있을 뿐 아니라 실내공간의 단조로움을 피하고 인지성을 증진시킬 수 있으나 과다하게 사용될 경우 오히려 혼란스러움을 가중시킬 가능성이 크므로 강조색이나 보조색 정도로 사용되는 것이 바람직하다.

복도처럼 일정한 동선을 따라 칠해진 색상은 방문자들의 이동을 유도하는데 유용하다.(사진 2)

1 / 4 Frankenhall & Nürnberg Messe, Nuremberg(Nürnberg), Germany
2 Fune Hofe(architect : Herzog & De Meuron), Munich(München), Germany
3 University of Stuttgart, Stuttgart, Germany
5 Villa Savoye, Paris, France
6 Yatsushiro fire station, Kumamoto(熊本), Japan

1

2

2009년의 제53회 베니스 비엔날레(Venice Biennale)에서 황금사자상(Golden Lion)을 수상한 독일 조각가 Tobias Rehberger의 작품으로, 다양한 색채와 기하학적 형태가 Cafeteria의 주요 주제가 되고 있다. 언뜻 보면 기하학적 변이와 다양한 원색으로 인해 실내공간은 3차원의 공간을 벗어난 다차원 공간으로 왜곡되어 보이며, 세상만들기(Making Worlds)라는 베니스 비엔날레의 주제에 잘 들어맞는 듯한 작품이다.

실내의자에 사용되는 파스텔톤의 원색은 매우 아기자기한 느낌을 주며, 특히 휴게공간으로서 카페테리아에 설치된 의자와 탁자의 조합은 위에서 내려다보면 매우 깜찍해 보인다.

1/2/3/4/5 Cafeteria(Sculptor : Tobias Rehberger, 2009), Venice Biennale, Venice(Venezia), Italy

실내계단에 강조색을 사용하여 인지성을 높이는 것은 일반적으로 사용되는 색채계획기법이다.

계단난간이나 그 일부, 혹은 계단벽체에 채색을 하는 방법도 있으나 계단바닥을 채색하는 경우도 있다.

1 / 3 Commisariaat voor de Media(Media Park, architect : Koen van Velsen, 2001), Hilversum, Netherlands
2 Kunsthal Rotterdam(architect : Rem Koolhaas, 1992), Rotterdam, Netherlands
4 The Library of TU Delft(architect : MECANOO), Delft, Netherlands
5 Venice Biennale, Venice(Venezia), Italy
6 Mercedes Benz Museum, Stuttgart, Germany

4

5

6

1

2

3

4

벽이나 구조체를 직접 채색하여 실내를 장식할 수 있으나 조명과 어우러질 경우 분위기 있는 장식효과를 기대할 수 있다.

창을 통하여 들어오는 자연적인 빛은 스테인드글라스처럼 채색유리의 사용이나 창크기의 조절을 통해 환상적이고 성스러운 분위기 연출이 가능하다.(사진 2)

1 Melbourne Museum, Melbourne, Australia
2 Ronchamp(Notre Dame du Haut, architect : Le Corbusier), Belfort, France
3 Shopping Center, Yokohama(横濱), Japan
4 Yatsushiro fire station, Kumamoto(熊本), Japan
5/7 Lucent Building, Nagoya(名古屋), Japan
6 Art Plaza(architect : Arata Isozaki), Oita(大分), Japan

5

6

7

Opera House(architect : Tarald Lundevall), Oslo, Norway

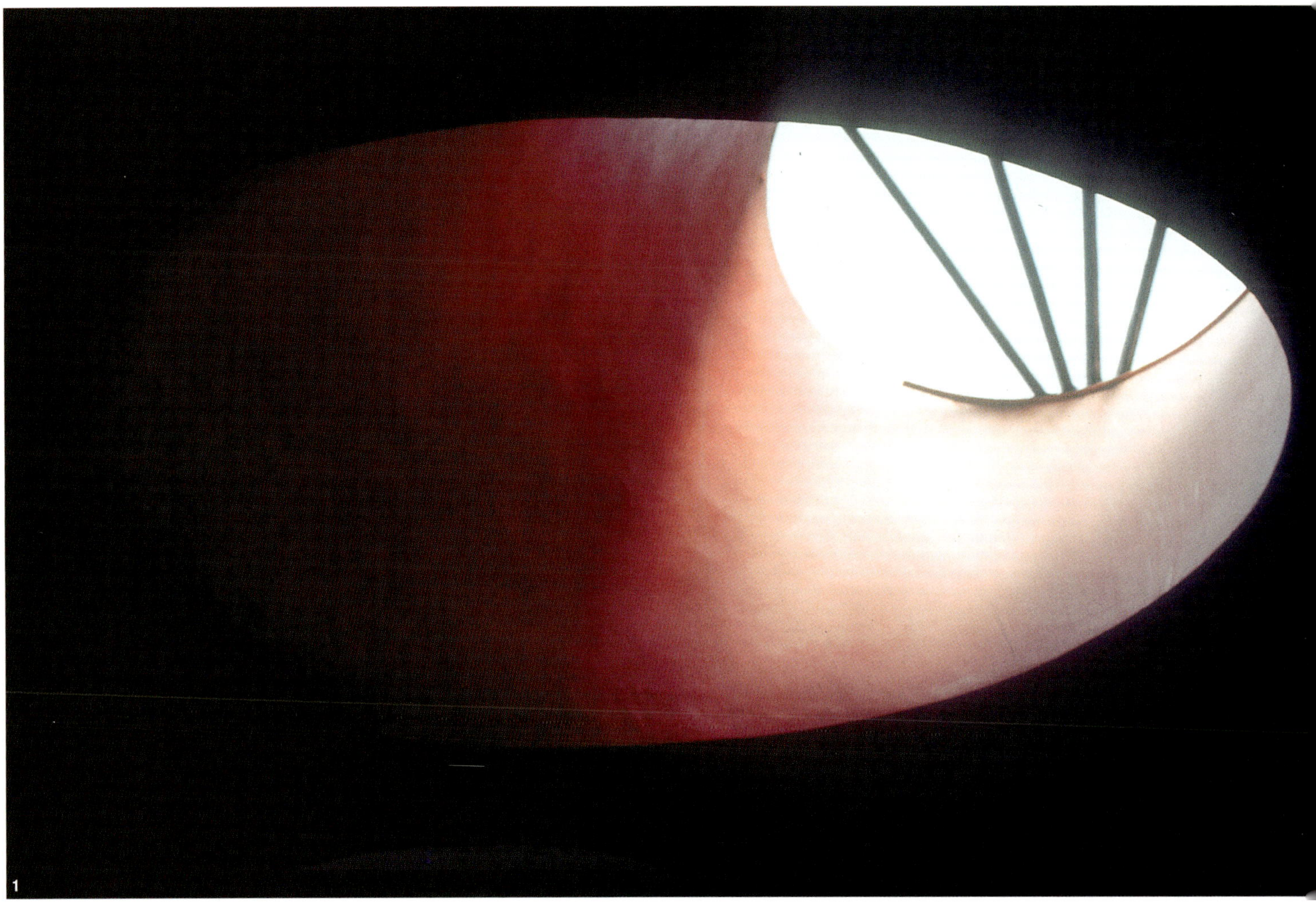

1

2

3

4

5

6

오래된 성당이나 성벽의 창을 모방한 것으로 보이는 La Tourette 수도원의 천창은 원뿔형태의 천창 내부를 채색하여 성스러운 분위기를 연출한다.

Le Corbusier가 La Tourette 수도원에서 사용한 천창은 현대건축물에 변형된 형태로 종종 사용된다.

1/2/3/4/5 La Couvent De La Tourette(architect : Le Corbusier), Lyon, France
6 Victoria Square shopping centre, Belfast, United Kingdom
7/8/9 Palestra Building(architect : William Allen Alsop, 2006), London, United Kingdom

7

8

9

1

2

채색유리를 사용함으로써 내부공간에 색을 칠하지 않고서도 분위기 있는 공간연출이 가능하다.

1/2 Illinois Institute of Technology, Chicago. USA
3 Oslo School of architecture and Design, Oslo, Norway
4/5 Amazon court, Prague(Praha), Czech Republic

1

2

평범해 보이는 적벽돌의 건물 외관(사진 2)과는 달리 내부공간은 천창에서 유입되는 빛을 이용한 하늘 색의 중정(사진 1, 3, 4)과 주황색의 계단실(사진 5~7)로 생동감있는 공간을 연출한다.

1/2/3/4/5/6/7 Dormitory in the University of Zurich, Zurich, Switzerland

3

4

5

6

7

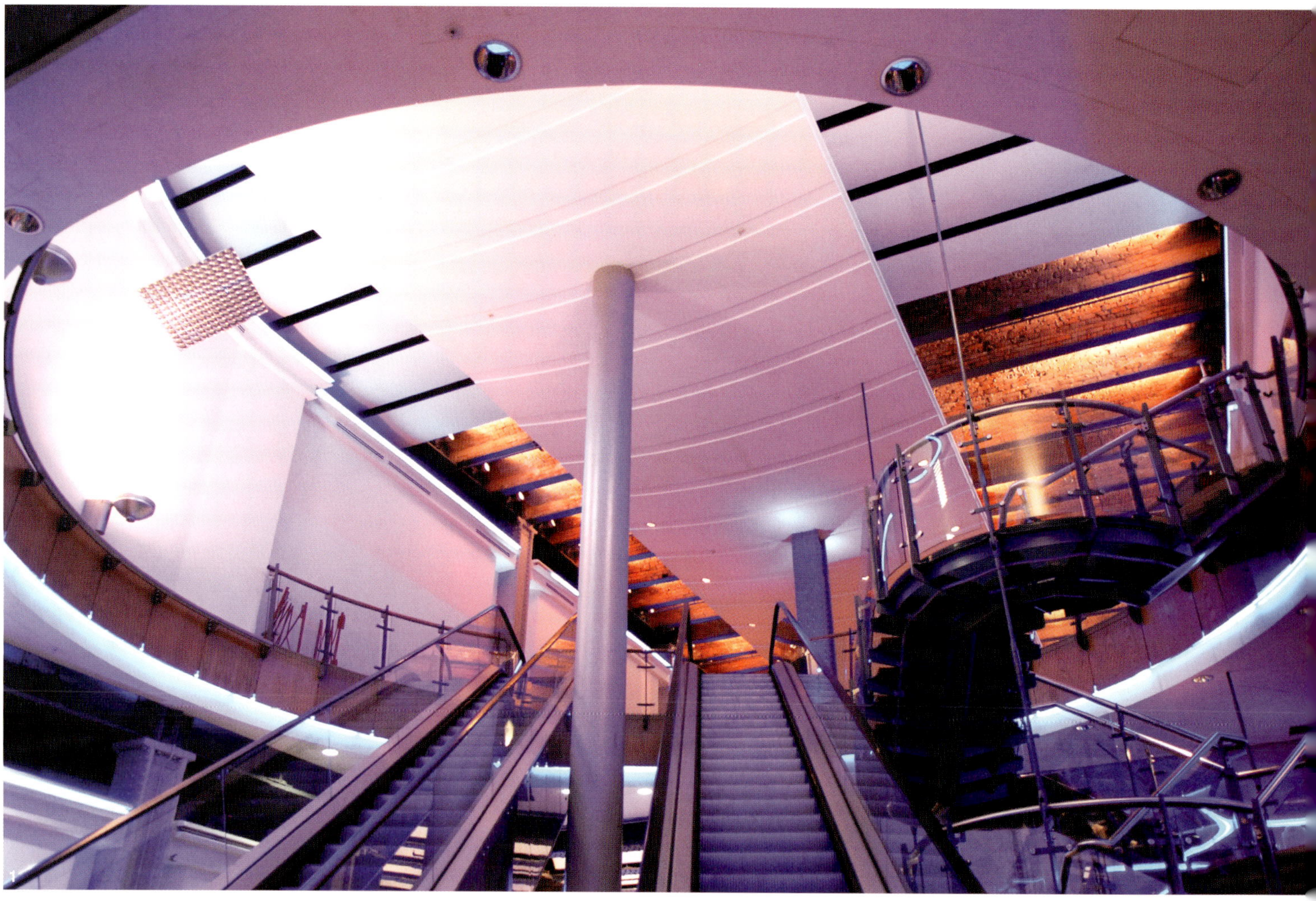

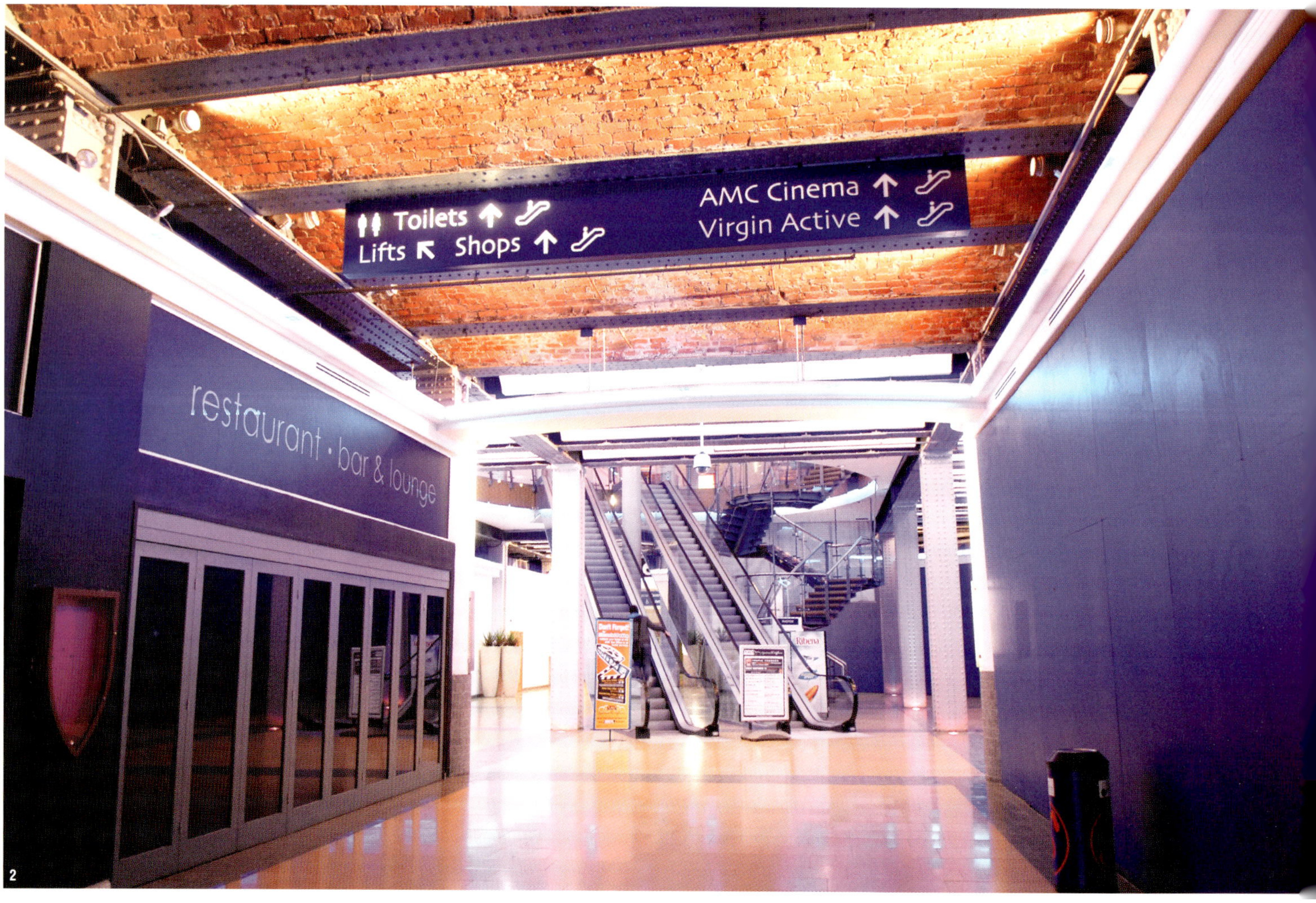

철도회사의 상품창고를 개조한 이 건물은 영화관과 레스토랑, 각종 상점들이 들어선 복합상업건축물로서, 일부 내부마감은 그대로 두고 조명을 활용하여 분위기 있는 공간을 창출하고 있다.
푸른 색의 조명으로 통일된 내부공간은 적벽돌로 마감된 내부천정에 비춘 조명과 어우러져 옛 건물의 분위기를 살리면서도 모던한 분위기를 보여준다.(이상 사진 1, 2)

건물 외부에서는 출입구를 초록색으로 채색하여 조형적으로 만든 것처럼 보이나 내부에서 보면 초록유리를 통과한 자연광이 마치 초록색의 조명을 비춘 것처럼 전혀 다른 분위기를 연출한다.(사진 3~5)

1/2 Great Nothern Railway Company's Goods Warehouse, Manchester. United Kingdom
3/4/5 RMIT University, Melbourne, Australia

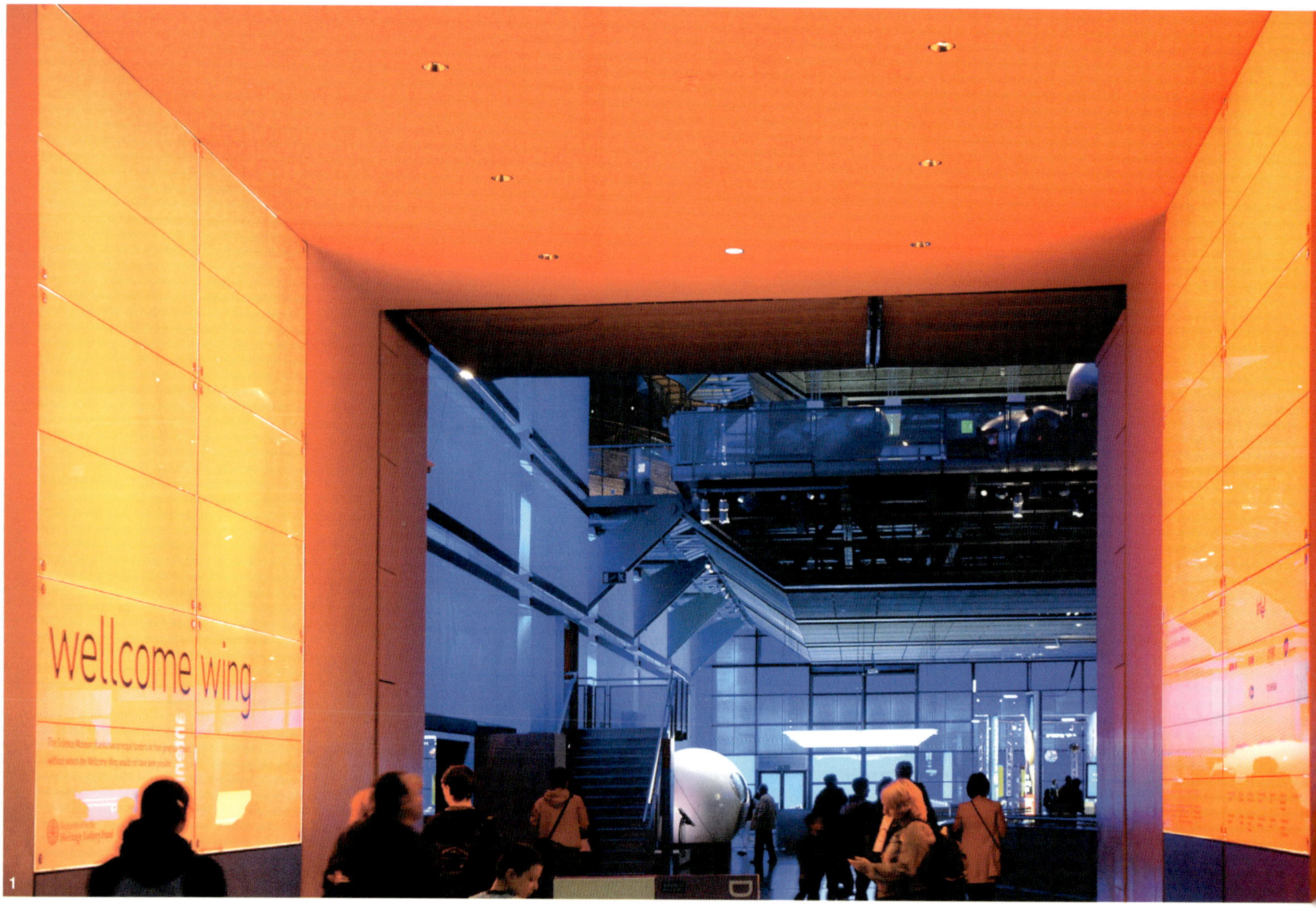
wellcome wing

1

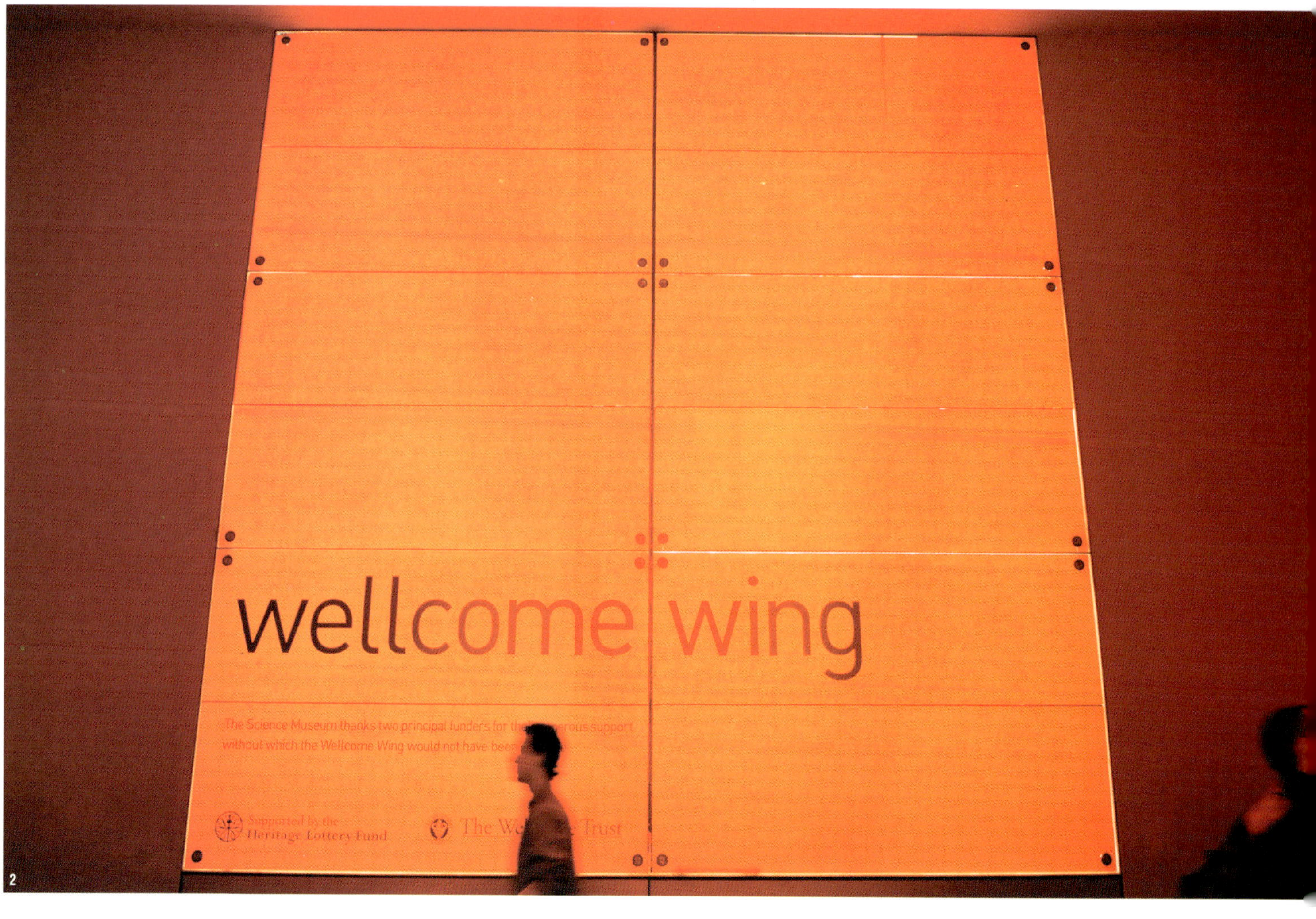
wellcome wing
Supported by the Heritage Lottery Fund

2

3

4

5

붉은 계열의 색상은 빛과 조화될 경우 강렬한 이미지를 전달하기 때문에 출입통로 등과 같이 강조가 필요한 특정공간에 부분적으로 사용된다.(사진 1~2)

똑같은 색상의 조명과 색채로 통일된 실내공간은 환상적인 분위기를 연출하나 단조롭고 오래보면 지루해지기 때문에 실내의 특정공간에 부분적으로 사용되거나 과학관처럼 특정목적을 가진 공간에 적용된다.(사진 3~5)

1/2/3/4/5 Science Museum, London. United Kingdom

천정조명은 조형적 요소로서 활용될 수 있으며, 네온사인이나 LED조명처럼 고유한 색상을 가진 광원(光源)을 사용할 수도 있으나 백색의 광원에 색이 있는 투명재료 혹은 반투명재료를 둘러쌈으로써 다양한 색상의 연출이 가능하다.

1/2/3/4 Vivo City, Singapore

2

3

4

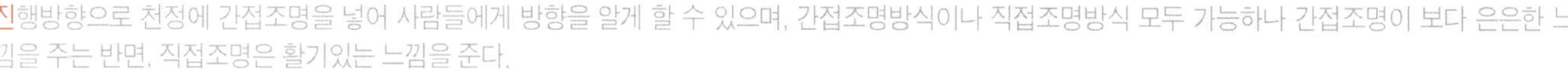

진행방향으로 천정에 간접조명을 넣어 사람들에게 방향을 알게 할 수 있으며, 간접조명방식이나 직접조명방식 모두 가능하나 간접조명이 보다 은은한 느낌을 주는 반면, 직접조명은 활기있는 느낌을 준다.

1 Underground parking lot, Esplanade, Singapore
2/3/4 Jewish Museum, Berlin, Germany
5 North Imperial War Museum(architect : Daniel Libeskind), Manchester, United Kingdom
6 Gasometer, Vienna(Wien), Austria
7 Block D Peddler' Walk, Clarke Quay, Singapore

4

5

7

벽이나 마감재료의 색은 조명기구가 투사하는 색상과 조화될 수 있는 것이어야 한다. 하얀 색의 벽체에 노란 색의 조명을 비춤으로써 노란 벽처럼 보이게 할 수 있지만 이는 노란 색의 벽에 백색의 조명을 투사하는 것과는 다르다.

6

7

8

9

10

천정이나 벽에 매입된 조명은 조명 빛이 투사되는 개구부의 모양을 다양하게 만듦으로써 마치 조명기구처럼 활용할 수 있다.

조명기구는 그 자체가 조형물로서 활용 가능하다.

1 The Sage Gateshead(architect : Norman Forster), Newcastle. United Kingdom
2 The National Center for the Performing Arts(國家大劇院, architect : Paul Andreu), Beijing(北京). China
3 Sofitel, Nanjing(南京), China
4 Science Museum, London, United Kingdom
5 Seattle Central Library(architect : Rem Koolhaas), Seattle, USA
6 Osaka(大阪), Japan
7 Cardiff Quay, Cardiff, United Kingdom
8/10 Nagoya(名古屋), Japan
9 Raffles City Complex, Singapore

1

2

3

4

5

화장실은 매우 사적인 공간으로서 요란스럽지 않고 차분한 분위기 연출이 일반적이지만 조명과 색채를 통하여 남녀화장실을 구분하거나 아주 자극적인 붉은 색을 사용하는 경우도 종종 있다.

1/2 Praha Hlavni Nadrazi Central Station, Prague(Praha), Czech Republic
3/9 Vienna(Wien), Austria
4 Ontario College of Art & Design, Toronto, Canada
5 Freiburg, Germany
6 Museo Nacional Centro de Arte Reina Sofia(architect : Jean Nouvel), Madrid, Spain
7/8 Mercedes Benz Museum, Stuttgart, Germany

6

7

9

8

Opera House(architect : Tarald Lundevall), Oslo, Norway

1

2

화장실은 평온하고 정숙하며 깨끗한 분위기가 될 수 있도록 위생적인 느낌의 밝은 색상(백색이나 회색 등 무채색)으로 생각하기 쉬우나 건축물의 용도에 따라 다양한 재료와 색상을 활용하여 개성있는 공간을 연출하는 것도 바람직하다.

1/2/5 Opera House(architect : Tarald Lundevall), Oslo, Norway
3 The Lowry Center(architect : Michael Wilford), Salford Quays, Manchester, United Kingdom
4 Copenhagen(København), Denmark

3

4

5

1

2

남녀화장실의 구분을 위해 출입구의 색상을 달리하는 것이 일반적이며, 옥외화장실의 경우, 멀리서도 잘 인지할 수 있도록 뚜렷한 원색이나 조명을 사용하기도 한다.

1/2 Cologne(Köln), Germany
3 Docklands park, Melbourne, Australia
4 Science Museum, London, United Kingdom
5 National Museum of Australia
(architect : Howard Raggatt), Canberra, Australia
6/7 Olympic park, Sydney, Australia

3

4

5

6

7

CHAPTER_1-4

BUILDING OPENINGS (DOORS & WINDOWS)

1-4_ 건축물 개구부

현관은 방문객의 첫 이미지를 결정하는 주요 건축요소로서, 강조색으로 도입된 파스텔톤의 원색은 방문객들에게 인지성을 높여줄 뿐 아니라 좋은 이미지를 제공할 수 있다.

출입문은 기억하기 쉽게 여러 가지 색상을 사용하기보다는 한 가지 색상으로 통일하되 각 출입구별로는 차별화될 수 있도록 다른 색상을 사용한다.

1 IJburg, Steigereiland, Amsterdam, Netherlands
2/3 Ceramique nieuwbouw, Maastricht, Netherlands

1

28A t/m 36F
2
3

1/2 Ceramique nieuwbouw, Maastricht, Netherlands
3 IJburg, Steigereiland, Amsterdam, Netherlands
4 VCA Drama, Melbourne University, Melbourne, Australia

VCA Drama
VCA
4

1 Vauban Housing District, Freiburg, Germany 2 Berliner Tor, Hamburg, Germany 3 Housing, Java-Eiland, Amsterdam, Netherlands
4 Nova Harfa, Podebradska street, Vysocany, Prague(Praha) 9, Czech Republic

34

1

2

벽에서 만입되어 보이지 않는 출입문은 멀리서 잘 식별할 수 있도록 캐노피나 돌출벽을 만들어 채색하기도 한다.(사진 1~2)

인접한 출입구를 대조적인 색상으로 채색하거나 문과 창문의 색상을 통일되게 만드는 것은 건물의 정체성을 높일 수 있을 뿐 아니라 도시의 가로미관을 개선하는데 도움이 된다.(사진 4~7)

1/2 Helsinki, Finland
3 IJburg, Steigereiland, Amsterdam, Nethcrlands
4 Dublin, Ireland
5 Ronchamp(Notre Dame du Haut, architect : Le Corbusier), Belfort, France
6 Brussels(Bruxelles), Belgium
7 Amsterdam, Netherlands

3

4

5

6

1

2

3

4

대규모 공동주택단지의 출입현관이나 창문 등은 공동주택의 획일성을 완화시키고 정체성을 강화시키는 요소로서 적극적인 색채계획을 수립할 필요가 있으며, 각 주호의 아이덴티티를 확보하면서도 단지 전체의 통일성을 이룰 수 있도록 색상의 선정과 채도 및 명도 등에 대한 세부적인 가이드라인이 필요하다.

가로에서 느껴지는 단지의 이미지는 공동주택의 건물형태나 단지내 조경, 수공간과 같은 요소에서만 형성되는 것이 아니라 건물의 색채에서도 큰 영향을 받기 때문에, 단지출입구나 세대별 출입구, 창호 등에 적절하게 절제된 색채를 사용함으로써 외부공간에 활기를 불어넣는데 도움이 된다.

출입구에 사용되는 색채는 인지성과 아이덴티티가 매우 중요한 요소로서 고려되어야 하므로 뚜렷하게 구별되는 색채를 사용하는 경우가 일반적이다.

1/2/3/4 Ecolonia Lucien Kroll, Alphen aan den Rijin, Netherlands
5/6 IJburg, Steigereiland, Amsterdam, Netherlands

5

6

1

1/2 Sidi Bou Said, Tunis(تونس), Tunisia

2

Sevilla Plaza de Toros la Real Maestranza, Calle Circo, Sevilla, Spain

1

2

3

4

5

온통 하얗게 칠해진 건물 외벽과 바다처럼 푸른 색의 출입문은 그리스를 포함하여 지중해 남부지역의 특징적인 색상이다.

1/2/3/6 Sidi Bou Said, Tunis(تونس), Tunisia
4 Fira, Santorini(Σαντορίνη), Greece
5 Mykonos(Μύκονος), Greece

6

지역의 정체성 확보는 역사적 전통성을 바탕으로 얼마나 지속적으로 유지 관리하느냐에 달려있다.

Rothenburg시의 목재로 된 건물 출입구와 창호는 오랜 시간동안 형성된 지역의 정체성을 유지시키는 중요한 요소이다. 목재가 가지는 고유의 색상을 지키며, 목재 이외의 재료는 사용할 수 없도록 제도적으로 규제하고 있다.

1/2/4/5/6/7/8 Rothenburg ob der Tauber, Germany
3 Strasbourg, France

4

5

6

7

8

1

2

유리창을 보호하기 위한 외부 블라인드나 철제 방범프레임은 파스텔톤의 색상을 칠하여 낭만적인 분위기를 자아낸다.

창문의 덧문이나 블라인드 등에 칠하는 색상은 지역의 전통적인 색상이 주로 사용되는데, 목재에 짙은 갈색을 칠하는 것은 북유럽과 알프스 고원지대의 주거에서 많이 볼 수 있으며(사진 1), 창틀과 창문의 짙은 푸른 색(사진 5~7)은 지중해를 중심으로 한 해안지대의 도시들에서 나타나는 지역적인 색상이다.

1/4 Paris, France
2 Graz, Austria
3 Zurich, Switzerland
5/6/7 Sidi Bou Said, Tunis(تونس), Tunisia

3

4

5

6

7

1

2

3

CHAPTER_1-5

BUILDING STRUCTURE

1-5_ 건축물 구조부

천장과 기둥 등 건축물의 주요 구조체는 기능적인 이유때문에 특수한 형태를 가지는 경우가 많은데 이를 적절한 색상으로 채색하여 미적인 요소로 활용 가능하다.

건축가 Massimiliano Fuksas가 1994년 현상공모에서 당선된 Europark Mall은 1997년 9월에 처음 문을 열었으며, 2005년 가을에 확장되었다. 공원과 레크레이션 지역이 포함되어 있으며, 소위 오벌(Oval)이라 불리는 콘서트나 영화 페스티벌 등의 문화 이벤트를 위한 250석의 둥근 무대와 좌석이 추가되어 있다.

1/2/3/4 Europark Mall(architect : Massimiliano Fuksas, 2005), Salzburg, Austria

4

1

Europark Mall은 잘쯔부르그에서 가장 큰 쇼핑센터로 주차진출입 램프난간과 쇼핑센터 옥상의 주차장은 모두 붉은 색의 철재 프레임으로 구성하고 있는데, 특히 옥상의 타원형 지붕철재(사진 1)가 인상적이다.

1/2/3/4 Europark Mall(architect : Massimiliano Fuksas, 2005), Salzburg, Austria

3

4

1

2

건축물의 저층부를 외부에 개방하여 기둥을 노출시키는 필로티 구조는 건축물의 조형적인 아름다움을 보여주기 위한 것으로, 수직형태가 아닌 비스듬히 기울어진 형태로 계획되고 시각적으로 잘 보이도록 원색의 색상을 사용하는 경우가 많다.

핀란드 최초의 하이테크 센터인 HTC는 2001년에 완공되었으며, 다섯 개의 건물은 탐험선의 이름을 따 콜럼부스의 Nina, Pinta, Santa Maria, 그리고 Nordenskjöld Vega와 Heyerdalin Kon-Tiki로 명명되었다. 전체 임대 연면적은 36,000㎡이고 약 30여개의 회사가 입주해 있다.

1 / 2 / 3 HTC(Helsinki Technology Center, 2002)(architect : Kai Wartiainen yhteistyössä Evata Finland Oy), Ruoholahti, Helsinki, Finland

1

2

OCAD는 캐나다의 가장 크고 오래된 예술디자인 대학으로, The Sharp Centre는 영국건축가인 William Allen Alsop에게 의뢰하여 기존 건물위에 2층 건물을 증축하 였다.

입방체의 건물은 백색의 바탕위에 사각형의 검은 색이 모자이크처럼 채색되어 있으며 구조적인 지지를 위해 외부로 노출된 기둥에 다양한 색을 칠하여 구조적인 미를 보여주고 있다.

1 / 2 / 3 / 4 The Sharp Centre, The Ontario College of Art and Design(OCAD University), (architect : William Allen Alsop, 2004), Toronto, Canada

4

1

2

3

4

5

건물을 지탱하기 위해 비스듬히 기울어진 기둥은 그 자체만으로도 조형적인 미를 가지며, 특히 빨강이나 노랑 등의 색상으로 채색되면 조형성과 인지성은 보다 강해진다.

1 Melbourne Museum, Melbourne, Australia
2 Marina, Singapore
3 Hakata River rain(福岡アジア美術館) Fukuoka(福岡), Japan
4 / 5 The International Centre For Life(architect : Terry Farrell), Newcastle, United Kingdom

1

몇 개층에 걸쳐 노출된 실내의 높은 기둥은 매우 중요한 장식적 요소가 되며, 가구의 색상과 조화될 수 있도록 빨간 색이나 노란 색을 칠하여(사진 1, 2) 백색 위주의 실내에서 강한 인지성과 방향성을 제공한다.

1/2 Frankenhall & Nürnberg Messe(convention center), Nuremberg(Nürnberg), Germany
3 National Museum of Australia(architect : Howard Raggatt), Canberra, Australia

2

3

Kaufpark Mall, Vienna(Wien), Austria

MICHIE`S 4 JAHRE

건물 출입구의 프레임, 캔틸레버 구조의 건물돌출 조망공간 등은 인지성을 높이고 조형적인 미를 강조하기 위해 다양한 색상으로 채색된다.

1/4/5/6 Convention Center , Melbourne, Australia
2/3 British Embassy, Berlin, Germany

1

2

3

4

MECC
Casual Staff Recruitment
Group Interviews
MEETING ROOMS 1 - 3
LEVEL 2

5

EXIT

6

Parkhaus Urania

1

지형의 경사를 이용하여 주차장과 편의시설이 설치된 건물에 운전자들이 잘 파악할 수 있도록 하면서 쉽게 편의시설에 접근할 수 있도록 콘크리트 벽체에 짙은 적색을 칠하여 인지성을 높이고 있다.(사진 1 ~ 3)

건물형태가 인지성이 높은 기하학적 구조를 가지면서 그 자체를 인지성 높은 색채로 채색하거나 내부공간에 색채를 가미하여 실내조명에 의해 외부공간에서의 인지성을 높일 수도 있다.

1/2/3 Parkhaus Urania, Zurich, Switzerland
4 Visitor Center, Saint Paul's Cathedral, London, United Kingdom
5 Tate Modern, London, United Kingdom

2

3

4

5

PART_2
URBAN STRUCTURE & URBAN SCULPTURE

제2장_ 도시구조물 및 도시조형물

최근에 도시경관에 대한 관심이 고조되면서 도시를 강조할 수 있는 요소들에 대한 경관조명이나 경관색채가 유행하고 있다. 그 중에서도 도시경관의 요소로서 교량이나 육교 등 도시구조물에 대한 색채의 중요성이 부각되고 있으나 이에 대한 기준이 없어 지역별로 특색있는 랜드마크가 되지 못하고 오히려 경관을 해치고 있는 경우가 적지 않다.

건축물에 비해 도시구조물은 그 수가 적은 반면 도시의 주요 장소에 위치하고 있고 규모가 크기 때문에 시각적으로 미치는 영향은 건축물에 비해 결코 작지 않다. 따라서 이들 도시구조물들의 색채는 원색이 과다하게 사용되어서는 안되며 가급적 보조색이나 강조색 등 특정부재나 요소에 부분적으로 사용하는 것이 바람직하다.

특히 도시구조물들은 경관조명을 통하여 야간의 인지성을 매

우 높일 수 있기 때문에 야간경관을 감안하여 색채가 결정되어야 한다. 외국의 사례를 살펴보면 소규모 도시구조물의 경우, 원색을 과감하게 도입하는 경우가 많고, 특히 보행전용교량의 색채는 주야간의 식별성이 중요한 요소로서 반영된다.

지하철이나 지하도와 같은 지하공간의 경우, 지상으로의 유도나 재난시의 대피가 중요하기 때문에 지하에서 지상까지 동일색상을 사용하되 식별이 용이한 원색을 사용하는 사례가 많으며, 계단의 벽체나 핸드레일에 채색된다. 기둥은 도시구조물에서 가장 색상이 많이 사용되는 요소인데 그것은 눈높이에서 가장 잘 보일 뿐 아니라 강조색을 사용하기 적합한 크기이기 때문으로 보인다. 지하공간은 어둡기 때문에 색채와 함께 특징적인 조명이 많이 사용되며, 지하라는 특수성으로 인하여 나타나는 천정이나 기둥의 구조적인 아름다움을 강조하는 방향으로 투사되는 경우가 일반적이다.

이에 비해 도시의 예술성을 높이는 요소로서 도시조형물들은 흑백계열의 무채색인 경우도 많으나 원색의 다양한 색상이 사용되는 경우도 적지 않다. 도시조형물들은 대부분 도시의 주요공간에 설치되기 때문에 예술적인 조형성도 중요하지만 그에 못지않게 색채사용도 신중해야 할 필요가 있다. 색채를 사용할 경우, 눈에 잘 띄는 적청황색이 많이 사용된다.

도시구조물이나 도시조형물에 사용되는 색채는 도시에 활력을 불어넣음과 동시에 도시의 품격을 높일 수 있으며, 시민들의 정서에도 도움이 된다. 특히 대부분의 도시공간은 무채색의 회색도시인 경우가 많기 때문에 도시구조물이나 도시조형물에 사용되는 색채는 사막의 오아시스처럼 시민들과 방문객들에게 조그마한 즐거움을 선사할 수 있다.

CHAPTER_2-1

URBAN STRUCTURE

2-1_ 도시구조물

교량이나 육교는 도시구조물의 대부분을 차지하며 규모가 매우 크기 때문에 색상을 사용하는데 신중해야 할 뿐 아니라 야간의 경관조명과 주변경관과의 조화를 고려하여 색상을 정하는 것이 바람직하다.

야간의 경관조명과 식별성 측면에서 적색이나 황색계열의 색상이 사용되는 경우가 종종 있다.

1/2/3 Elevator and footbridge over Reuss, Baden, Switzerland

3

1 Detroit Bridge, Salford Quays, Manchester, United Kingdom
2 Žižkovská televizni věž(Prague Television Tower), Prague(Praha), Czech Republic
3 Sandridge bridge, Melbourne, Australia
4 Borneo Bridge, Sporenburg Eiland, Amsterdam, Netherlands

1

2

3

4

Borneo Bridge Sporenburg Eiland, Amsterdam, Netherlands

Blackfriars Bridge, London, United Kingdom

도시에서 흔히 볼 수 있는 콘크리트 벽체는 도시미관을 훼손하는 주요 요인이나 적절하게 관리할 경우, 도시미관을 오히려 향상시킬 수 있다.(사진 1)

지하공간은 폐쇄적이고 햇빛을 볼 수 없는 장소이지만 조명과 색채를 활용하여 쾌적하고 편안한 공간을 연출할 수 있다.(사진 2, 3)

암스테르담의 무료 자전거주차장(사진 4, 5)처럼 투명한 유리를 설치하여 지하공간의 채광을 유도하는 한편, 멀리서도 잘 식별할 수 있도록 유리프레임에 선명한 붉은 색상을 사용하였다.

1 Oslo, Norway
2 U-Bahn, Messberg station, Hamburg, Germany
3 U-Bahn, Hauptbahnhof station, Hamburg, Germany
4/5 Gratis bewaakte dagstalling, station Zuid, Zuidas, Amsterdam, Netherlands

2

3

Fietspunt
Gratis bewaakte dagstalling
Stalling
station Zuid

4

Gemeente Amsterdam
Fietspunt

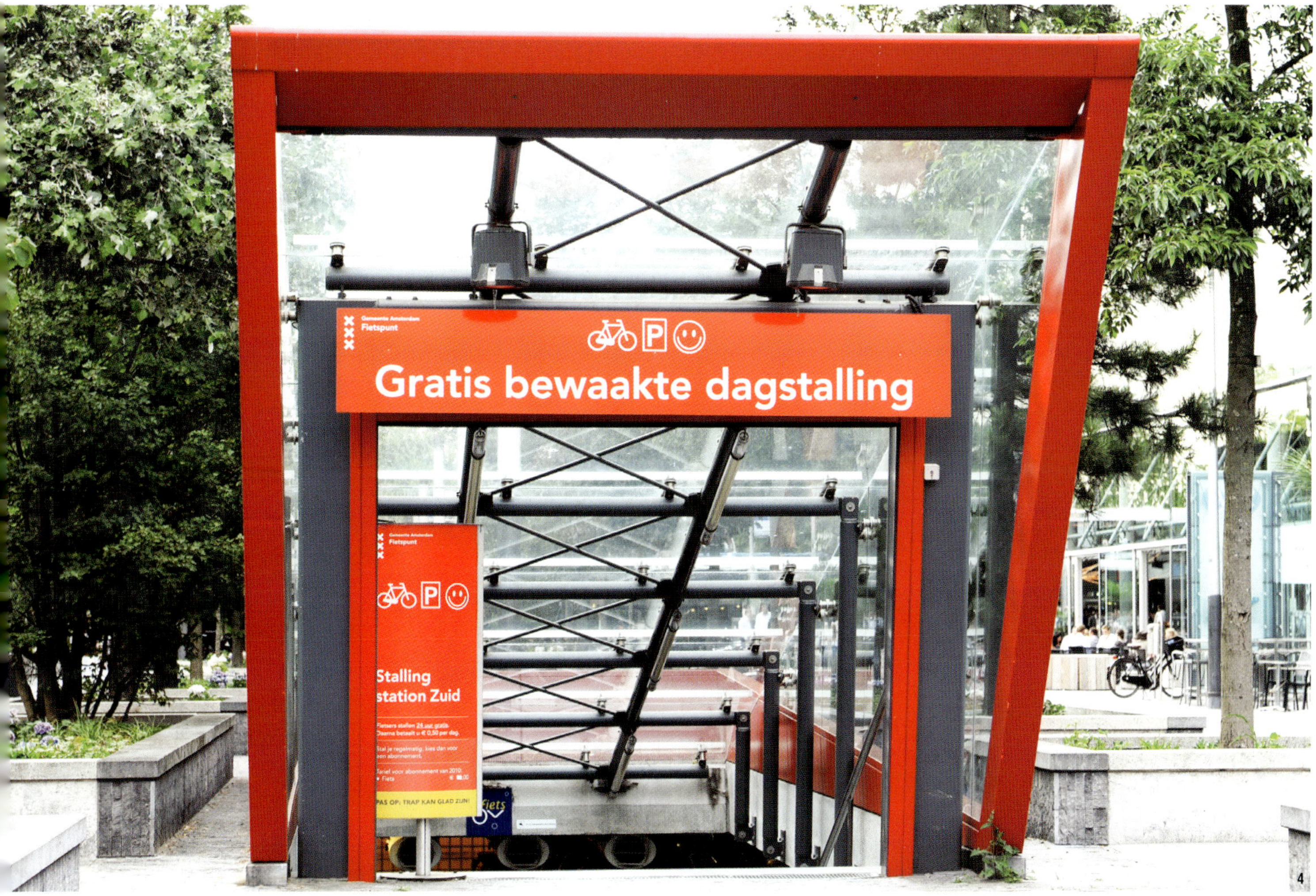

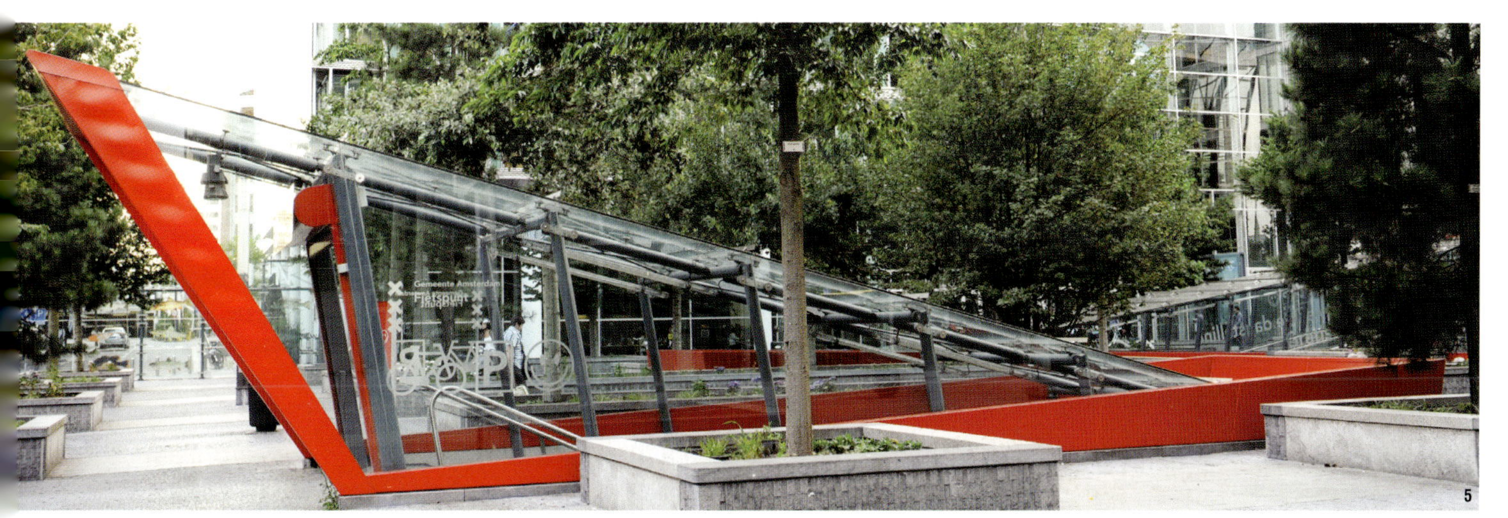

5

1

2

1/2/3/4/5 Lysaker stasjon(station), Oslo, Norway
6 Outdoor swimming pool, Fisketorvet(Fish Market), Copenhagen(København), Denmark
7 Inner Harbour Lighthouse, Malmö, Sweden

1

2

지하철은 평상시나 비상시 지상으로의 대피가 원만하게 이루어질 수 있도록 유도하는 측면이 중요하게 고려되어야 한다.
이를 위해 출구는 식별성이 높은 색상으로 채색하되 지상으로의 진출로는 동일 색상으로 유도하는 것이 바람직하다.

1/2 North Greenwich(subway), London, United Kingdom
3 Metro Station, Milan(Milano), Italy
4/5/6 Nuevos Ministerios(metro), Madrid, Spain

3

4

5

6

지하구조물은 구조적 안정성 때문에 터널처럼 반원형으로 만들어지는 경우가 많아 적절한 조명을 비추게 되면 경관적으로 매우 아름다운 분위기를 연출할 수 있다.

1/2/3 Alameda(metro), Valencia, Spain
4 Marienplatz Metro Station, Munich(München), Germany
5 Salford Central Station, Manchester, United Kingdom

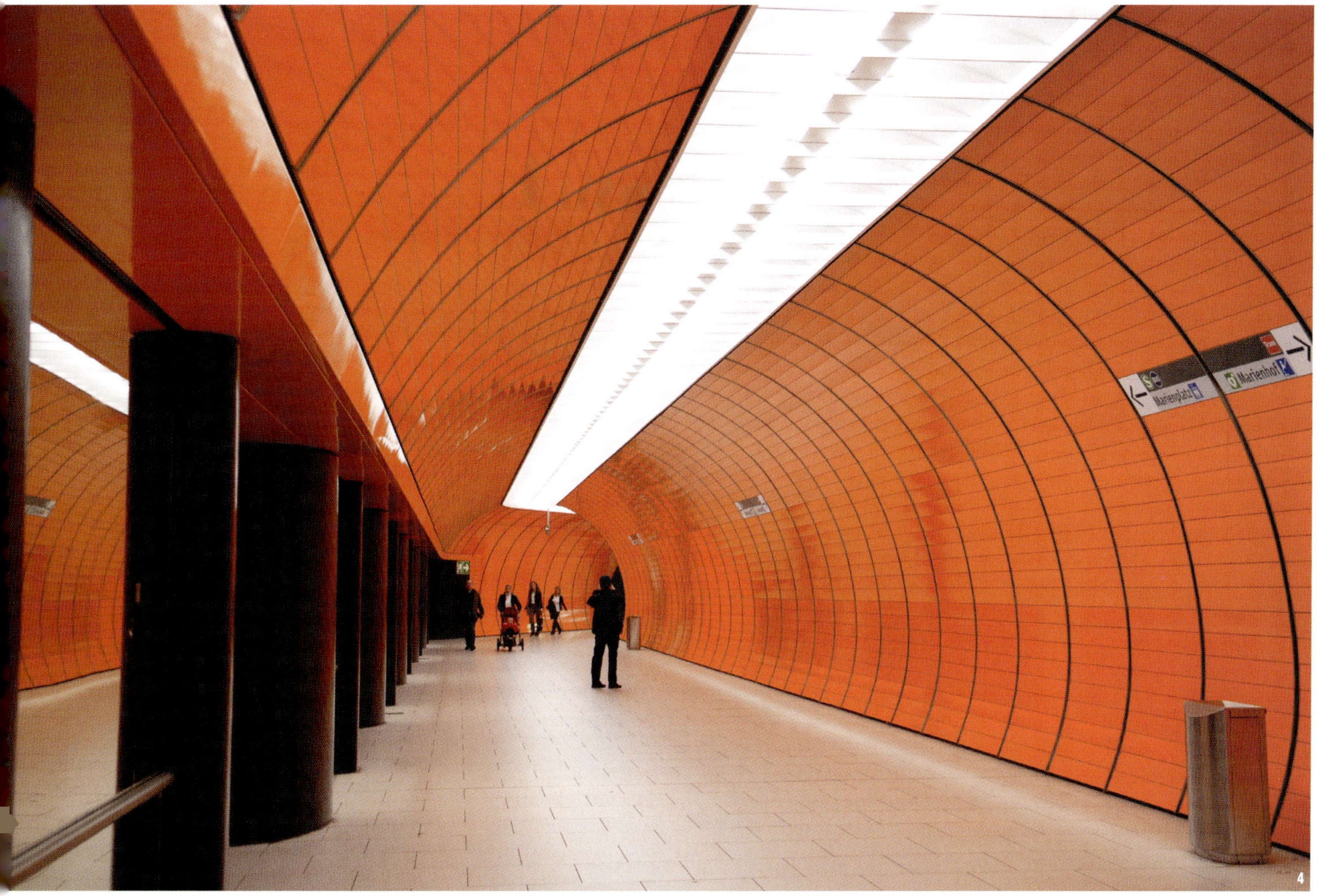
Marienplatz
Marienhof
4

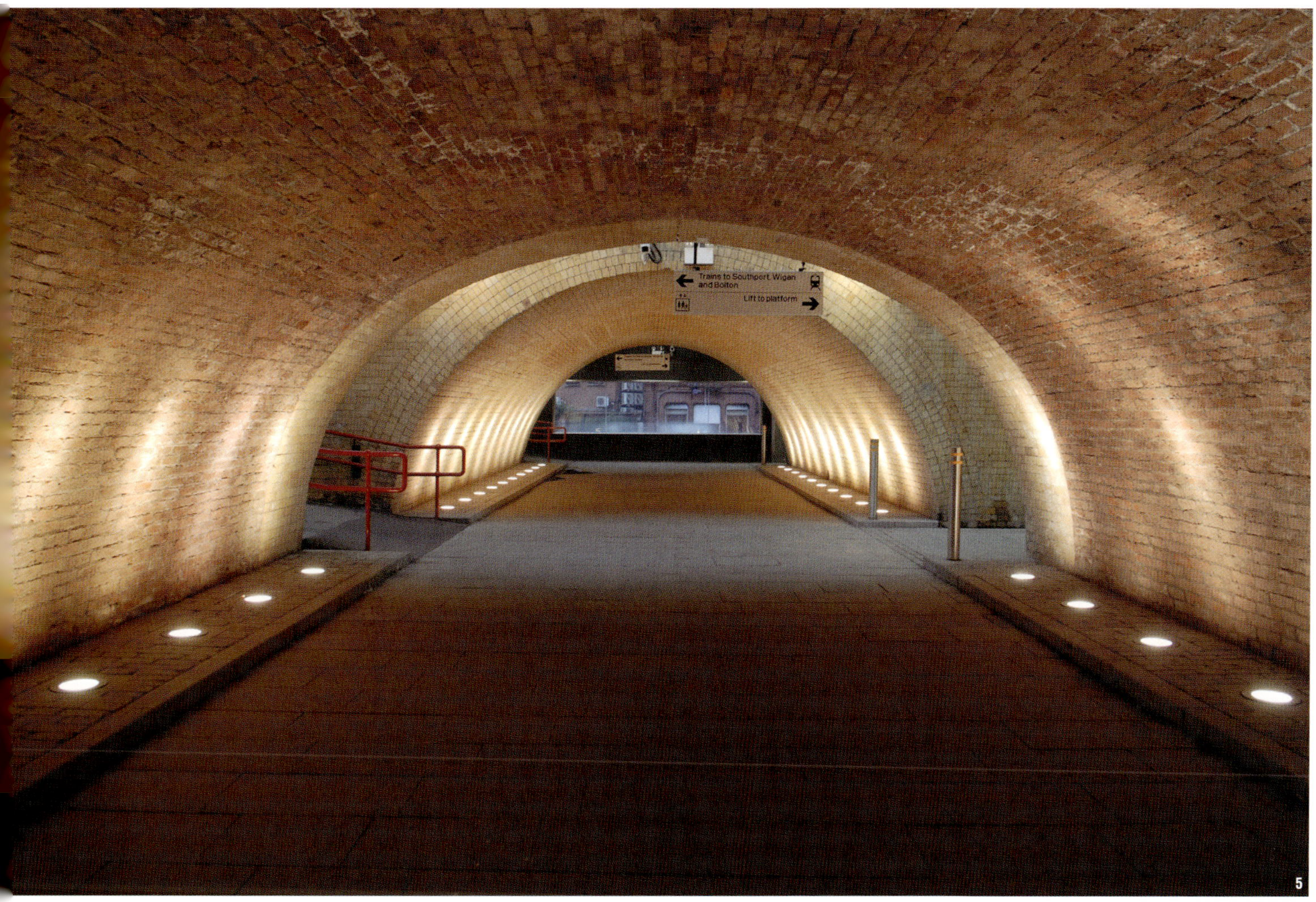
Trains to Southport, Wigan and Bolton
Lift to platform
5

지하공간의 주요 구조부는 지상부의 하중을 지지하기 위해 특수한 형태로 만들어지기 때문에 조명을 이용하여 이를 조형적인 요소로 활용가능하다.

4

지하공간의 천정은 관리나 보안상 설비라인을 그대로 노출하는 경우가 많으며, 그 경우 조명을 설비라인 아래에 매달아 천정을 어둡게 만든다. (사진 6)

매우 넓은 지하공간은 다양한 조명으로 특색있는 공간을 만들 수 있으며, 조명자체가 조형적인 분위기를 연출하는 경우가 많다.(사진 4)

1 Metro Station, Madrid, Spain
2/3 Garibaldi Station, Naples(Napoli), Italy
4/6 Praha Hlavni Nadrazi Central Station, Prague(Praha), Czech Republic
5/7 Repubblica(metro), Milan(Milano). Italy

5

6 7

1

거리가 매우 긴 지하도에 다양한 색상과 주제를 도입함으로써 단조로운 공간을 활기있고 매력적인 공간으로 변모시킬 수 있다.

나고야역에서 루슨트빌딩으로 연결되는 1km 거리의 지하도는 9가지 주제와 색상으로 공간을 구획하고 있는데, 각 구획별로 천정과 바닥, 벽면 전체에 통일된 조명과 색채를 사용하여 분위기 있는 공간을 연출하고 있다.

1/2/3/4/5/6 Underground passage(Lucent Building ~ Nagoya Station), Nagoya(名古屋), Japan

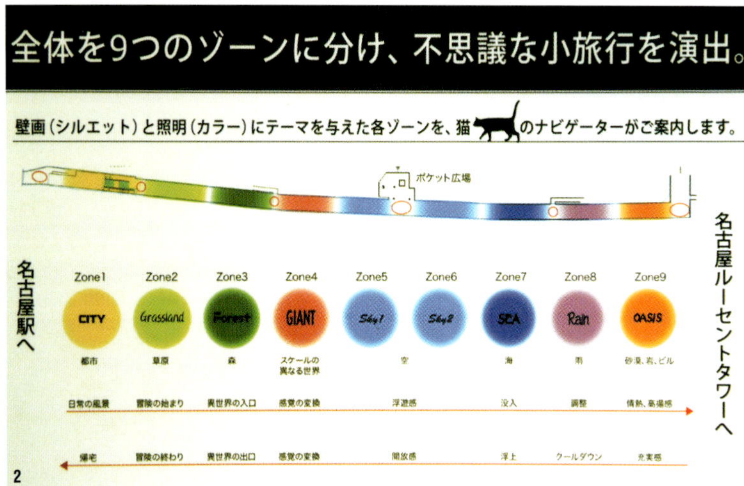

2

3

4

5

6

CHAPTER_2-2

URBAN SCULPTURE

2-2_ 도시조형물

도시조형물은 환경조형물이 대표적이나 역사성을 지닌 도시의 상징물과 건축물에 부착된 조형적 아이템들도 도시조형물에 포함된다.

환경조형물들은 그 규모가 매우 크거나 주요교차로, 도시관문 등에 입지해 있을 경우 단순한 조형물이라기보다는 도시의 상징물이 될 수 있으므로 색채계획은 시각적 효과뿐 아니라 주변과의 조화가 중요하게 고려되어야 한다.

원형의 도시조형물은 보편적으로 나타나는 형태로서 조합된 수나 색채, 재료, 색상 등에 따라 다양한 변형이 가능하다.

1 Congress Center, Valencia, Spain
2 City Hall Plaza(市役所), Fukuoka(福岡), Japan
3 Rome(Roma), Italy
4 Sony Center, Potsdamer Platz, Berlin, Germany

1

3

4

1

2

3

4

5

적색과 청색, 그리고 황색은 도시조형물에서 가장 많이 사용되는 색상으로서, 그 중에서도 적색은 멀리서도 잘 인지될 뿐 아니라 강렬한 이미지를 보여주기 때문에 가장 많이 사용되며, 경우에 따라서는 3가지 색상이 함께 사용되기도 한다.

1/2/3/4/5/6/7 Umeda Sky Building(大阪・梅田スカイビル), Osaka(大阪), Japan

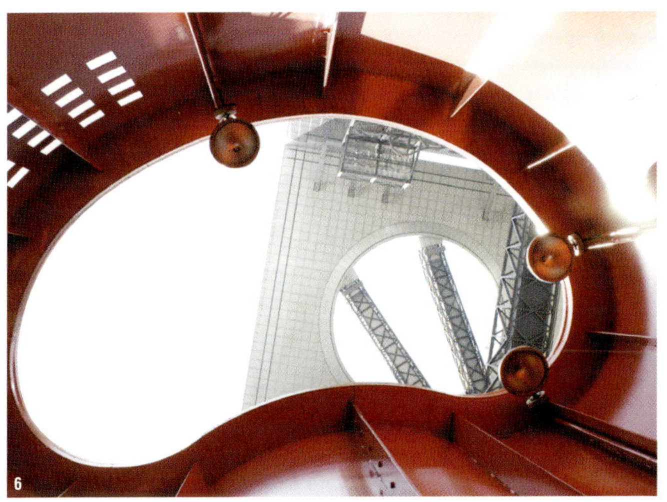
6

7

건물과 건물 사이의 좁은 모서리 부분에 눈에 띄는 색상의 도시조형물을 설치하는 것은 사람들의 동선을 자연스럽게 유도함으로써 반달리즘을 방지하는 동시에 도시미관을 개선하는데 도움이 된다.

1/2/3/4 Local Government Community, London, United Kingdom

4

도시조형물은 추상적인 형태로 만들어지기도 하나 상해 신천지의 친숙한 의자(사진 1)나 파리 라빌레뜨 공원의 자전거(사진 2, 3)처럼 기존의 친숙한 아이템을 과도하게 크게 하여 만듦으로써 조형적인 속성을 부여하는 경우가 많다.

1 Xintiandi(新天地), Shanghai(上海), China
2/3 Buried Bicycle(Design : Claes Oldenburg, 1990), Parc de la Villette , Paris, France
4/5/6 Erasmusbrug(Erasmus Bridge), Rotterdam, Netherlands

2

3

4

5

6

1

1 / 2 / 3 ACCA, Melbourne, Australia

2

3

1

철재 조형물은 철재의 재료적 특성이 잘 나타날 수 있도록 철재를 부식시키거나 스테인레스 스틸 형태로 만들어지는 경우가 많으나 철재의 견고함을 보여줄 수 있도록 수직적인 형태로 만들고 빨강 등의 원색을 채색하는 경우도 적지 않다.

철재는 재료적 특성상 매우 견고하고 어떤 형태로든 제작이 가능하기 때문에 다양한 형태로 만들 수 있다.

1/2 Nova Harfa, Podebradska street, Vysocany, Prague(Praha) 9, Czech Republic
3 Shearwater(sculptor : Inge King, 1994～95), Yarra riverside, Melbourne, Australia
4 Vivo City, Singapore

도시의 가로에 설치되는 환경조형물들은 박물관이나 미술관속의 작품처럼 그냥 바라보기만 하는 작품이 아닌, 사람들이 쉽게 다가갈 수 있는 장소이면서 사람들의 접촉에 문제가 없는 재질로 만드는 것이 바람직하다.

1/3 Auckland, New Zealand
2 Sydney, Australia
4 City Museum(old Treasury Building), Melbourne, Australia
5 Spiegel-Haus, Hamburg, Germany
6 Hakata Momochi, Fukuoka(福岡), Japan

4

5

6

무채색의 가로(사진 2)나 특별한 시설물이 없는 공원(사진 1, 3)에 세워지는 빨간색의 환경조형물은 도시환경속에서 시각적인 초점을 형성한다.

1 Madrid, Spain
2 L'araignee rouge(The red spider)(sculptor and artist : Alexander Calder, 1976), La Defense, Paris, France
3 Macau, China
4 Museum Of Modern Art Kilmainham, Dublin, Ireland

3

4

건물에 부착된 도시조형물들은 건물자체를 조형화하여 건물에 대한 긍정적인 이미지를 갖게 하는 효과를 발휘하며, 이를 보는 사람으로 하여금 재미있는 일상을 경험하게 해 준다.

단순히 장식적인 효과나 출입구 등 인지성을 높이기 위해 추상적인 형태로 건물에 부착되는 경우도 있지만 사람들에게 친숙한 이미지(사진 1, 2)를 만들어 눈에 잘 띄는 곳에 부착함으로써 건물에 대한 재미있는 상상을 하게 해 줄 수도 있다.

1 Neumarkt Galerie, Cologne(Köln), Germany
2 Fira, Santorini(Σαντορίνη), Greece
3 Melbourne Central, Melbourne, Australia

2

3

건축물에 부착된 조형물들이 모두 영구적인 것은 아니며, 비엔나의 MUMOC(현대미술관)처럼 미술관 건물 외벽이나 지붕에 주기적으로 유명 작가들의 설치미술작품들을 전시하여 관객들의 눈을 사로잡기도 한다. (사진 1)

1 House Attack(artist : Erwin Wurm, 2006), Museum Moderner Kunst(MUMOK), Vienna(Wien), Austria
2 Tree House, Christchurch, New Zealand
3 Melbourne, Australia
4 Eureka Tower(architect : Fender Katsalidis architects, 2006), Melbourne, Australia

4

평범한 외관을 가진 건물일지라도 재미있는 조형물을 부착하여 시선을 사로잡는 건물로 거듭날 수 있다.

1/2 Flossis im Medienhafen(waterfront redevelopment), Dusseldorf, Germany
3 Osaka(大阪), Japan
4 Leopold Museum, Vienna(Wien), Austria

3

4

Docklands, Melbourne, Australia

마치 녹슨 것처럼 보이는 철(鐵)로 만들어진 천사와 쳇바퀴를 도는 두 사람의 모습을 형상화한 이 조형물은 학교 정문옆의 벽에 부착되어 여러 가지 이미지를 전달해 준다.

조형물이 만들어내는 그림자와 조형물의 이미지는 자체로서 매우 예술적일 뿐 아니라 학교라는 실체와 어울려 성스러운 분위기를 조성하고 있다.

1/2 Marie Jørgensens Skole(school), Odense, Denmark

1

2

1

2

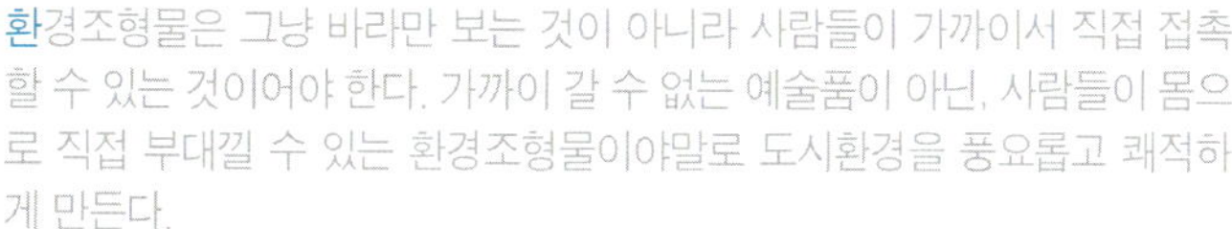

환경조형물은 그냥 바라만 보는 것이 아니라 사람들이 가까이서 직접 접촉할 수 있는 것이어야 한다. 가까이 갈 수 없는 예술품이 아닌, 사람들이 몸으로 직접 부대낄 수 있는 환경조형물이야말로 도시환경을 풍요롭고 쾌적하게 만든다.

1/2 Gulliver, Valencia, Spain
3 The Place(世贸天阶), Beijing, China
4 Naoshima(直島), Kagawa prefecture(香川県), Japan
5 Yarra riverside, Melbourne, Australia

1

2

1 Benesse House, Naoshima(直島), Kagawa prefecture(香川県), Japan
2 The Boxers(Sculptor : Keith Haring), Potsdamer Platz, Berlin, Germany
3 Le paradis fantastique(Sculptor : Niki de Saint Phalle, 1966), Sculpture park, the Modern museum of Stockholm, Stockholm, Sweden
4 Sculpture park, the Modern museum of Stockholm, Stockholm, Sweden

3

4

1 Piazza del Duomo, Milan(Milano), Italy 2 Victoria Square shopping centre, Belfast, United Kingdom

3

4

5

3 Steel Skateboarder, Slipway Park, Malmö, Sweden 4 Sydney, Australia 5 Messe, Frankfurt, Germany

ING Head office, Vakok parkja(Vakok park), Budapest, Hungary

추상적인 이미지의 조형물보다 우리에게 친숙한 이미지의 조형물들이 사람들을 가까이 이끈다.

코끼리나 사자, 곰, 황소와 같은 지역을 상징하는 동물 이외에 도시의 역사적 스토리를 가지고 있는 물지게꾼 등 다양한 상징물을 조형화하여 도시 곳곳에 전시하기도 한다.

1 Brussels(Bruxelles), Belgium
2/3 Hamburg, Germany
4/6 Vienna(Wien), Austria
5 Neuhauser strasse(pedestrian mall), Munich(München), Germany

3

4

5

6

Penelope(Sculptor : Jorge Pardo, Liverpool Biennial 2002), Wolstenholme Square, Liverpool, United Kingdom

Jorge Pardo의 조형물 Penelope는 2002년 리버풀 비엔날레(Liverpool Biennial 2002)의 일부로서 의뢰된 것으로, 리버풀 도심의 Wolstenholme 광장에 영구적인 작품으로 설치되었다. Penelope는 Homer의 Odyssey에 나오는 Ulysses의 부인으로서, 트로이 전쟁(Trojan War)에서 돌아오길 기다리는 여인이다.

특정 장소의 환경을 개선하거나 우범화 방지를 목적으로 만들어지는 조형물의 경우, 형태적, 색채적으로 강렬한 인상을 남길 수 있도록 하여 멀리서 잘 인지되고 가보고 싶은 욕구를 느끼도록 디자인한다.

라빌레뜨 공원의 폴리(folie)처럼 기능을 가진 경우와 기능없이 조형적인 역할만 하는 경우가 있는데, 도살장이었던 이 지역의 장소성을 형상화시키기 위해 폴리 전체를 붉은 색으로 채색하였다.

1/2/3 Folies(architect : Bernard Chumi), Parc de la Villette, Paris, France
4 Maria Zambrano(Central station), Malaga, Spain

4

1

2

맥주병, 체리바구니, 발 등 일상적인 요소들을 거대한 스케일로 조형화하여 도시공간속에 설치하는 것은 색다른 느낌을 준다.

1/3 Tuborg bottle, Hellerup, Copenhagen(København), Denmark
2/4 Bryggertorvet(Brewer Square), Hellerup, Copenhagen(København), Denmark
5/6 Big foot, Hellerup, Copenhagen(København), Denmark

3

4

5

6

1/2 Citadel, Almere, Netherlands
3/4 Folly for the Bees(artist : Frank Mandersloot), tramstation Rietlandpark, Amsterdam, Netherlands
5/7 WDR Studio Düsseldorf AKS area, Düsseldorf, Germany
6/8 Aker Brygge, Oslo, Norway
9 Brussels(Bruxelles), Belgium

2

3

4

5

Fjordalléen

6

8

airberlin.com
Your Airline
1. Wahl für Sommerträume.

7

9

수직적인 막대형 조형물은 군집되어 설치되면 단순하지만 강렬한 이미지를 보여주며, 경우에 따라서는 기념비적인 용도로 설치되기도 한다.

1 Tullamarine Freeway, Melbourne, Australia
2 Ettlinger Tor Skulptor(artist : Andreas Helmling, architect : Alexander Grünenwald, 1998), Karlsruhe, Germany
3 Oslo, Norway
4 Kabelwerke(Cable plant-the old district Altmannsdorf part of the 12th District of Vienna), Vienna(Wien), Austria

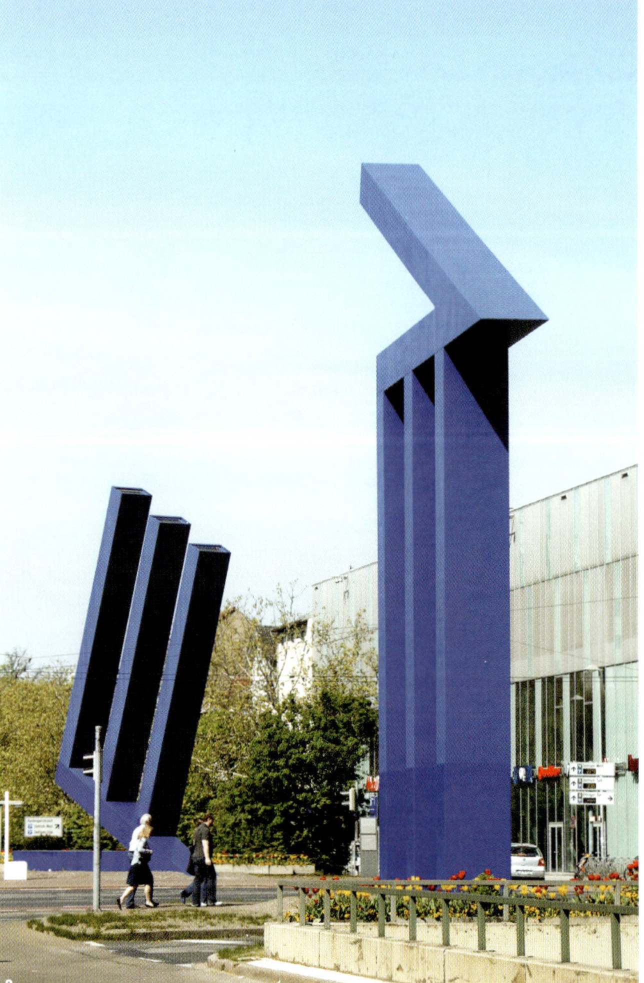

4

1

지면에 박혀 있는 막대는 그 자체가 가지는 수직적인 구조체로서의 강렬한 이미지 때문에 다양한 용도와 형태로 이용되며, 특히 색채가 덧붙여질 경우 수직성은 더욱 강조된다.

1 / 2 Wohnen am Park apartment buildings, North of Rudolf Bednar Park, Vienna(Wien), Austria
3 PWC building, Barcode development, Bjørvika, Oslo, Norway
4 Vienna(Wien), Austria

Imbiah walk, Sentosa, Singapore

1

2

3

1/2/3 Imbiah walk, Sentosa, Singapore
4/5 Citadel, Almere, Netherlands

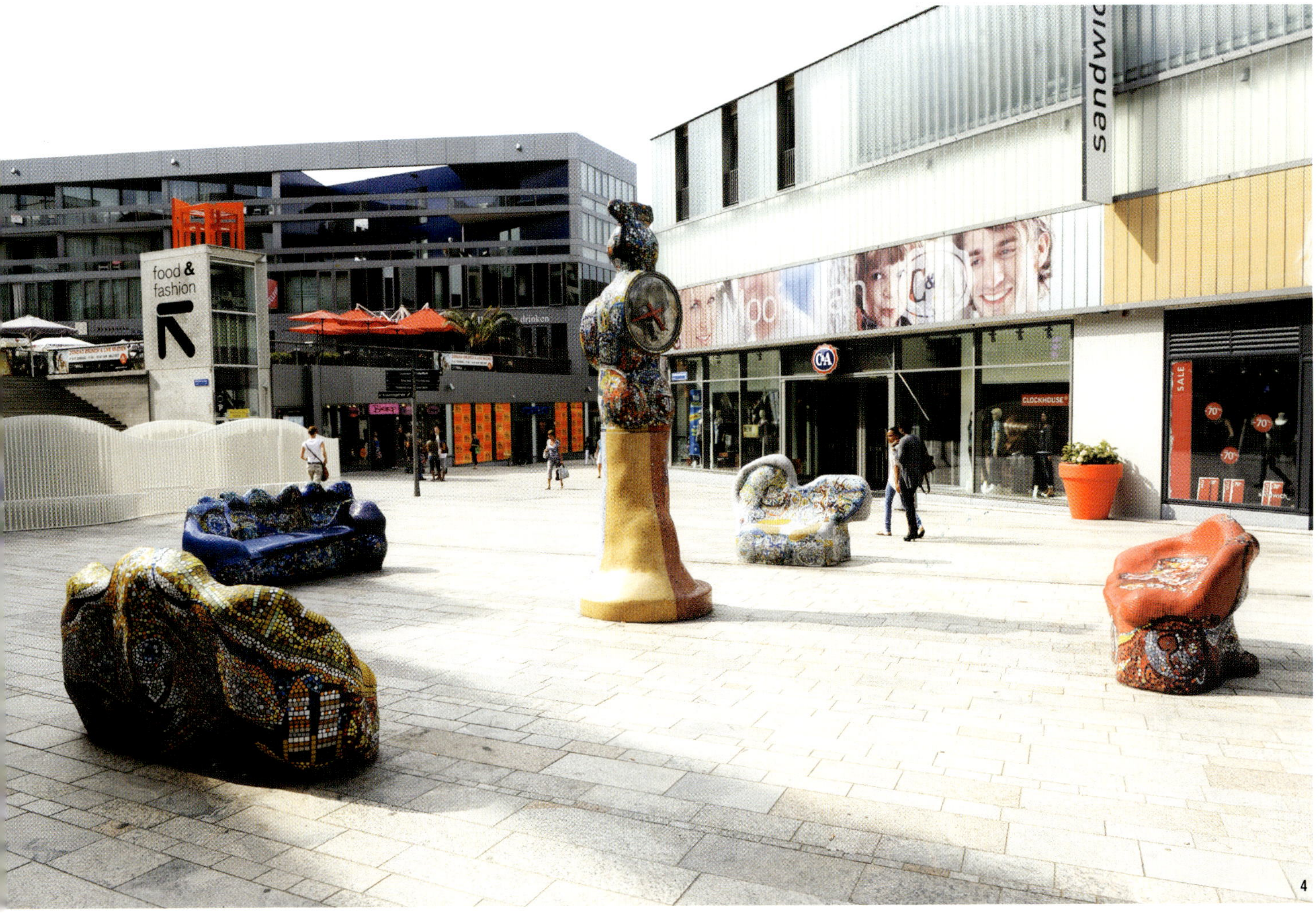
food & fashion
sandwic
drinken
C&A
CLOCKHOUSE
SALE
4

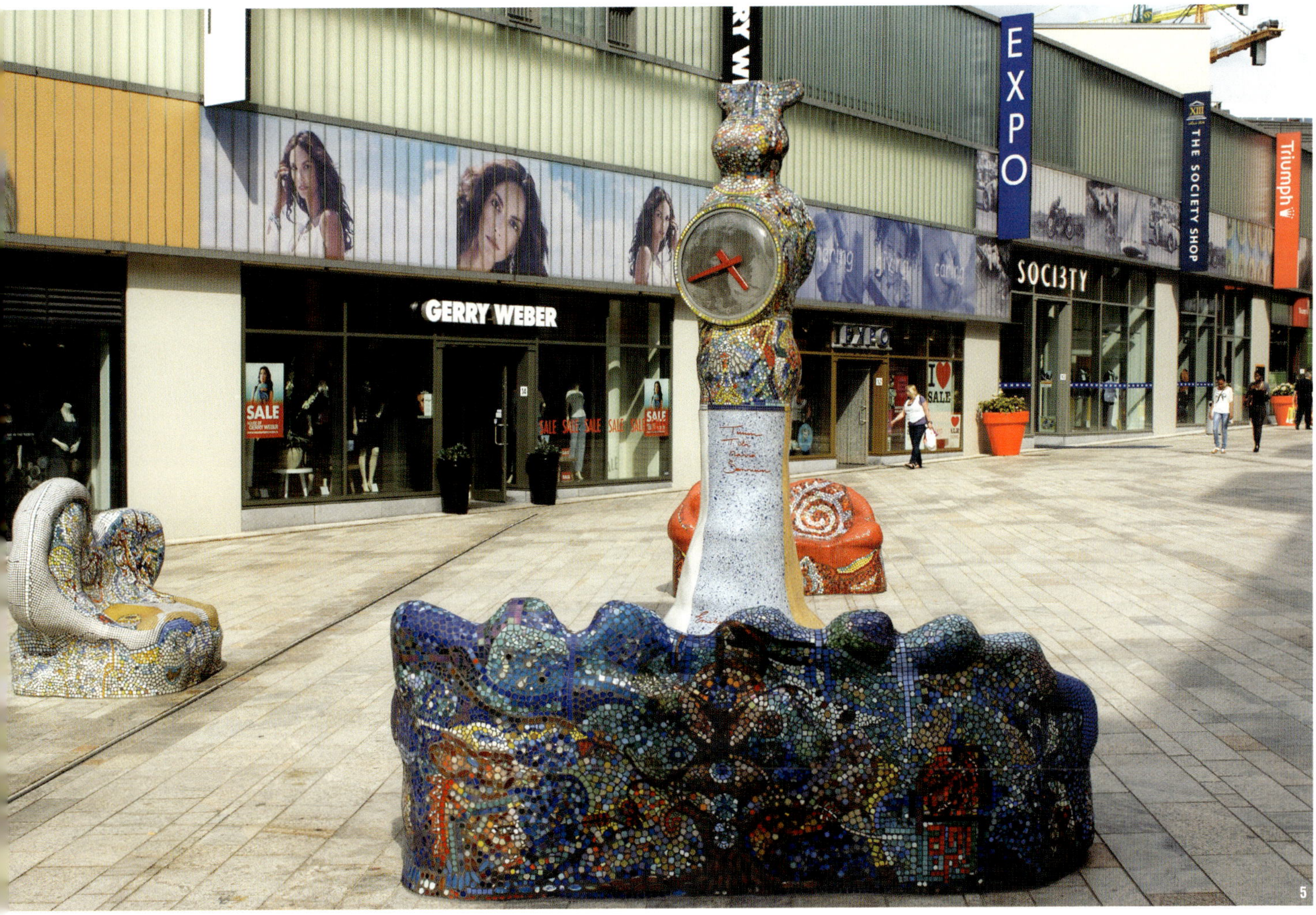
EXPO
THE SOCIETY SHOP
Triumph
GERRY WEBER
SOCI3TY
SALE
5

Recycling

PART_3 STREET FURNITURE & ETC.

제3장_ 가로시설물 및 기타

걷고싶은 거리, 살고싶은 도시는 하루아침에 만들어지는 것이 아니다. 오랜 시간에 걸쳐 일관되고 지속적인 관리 결과 이루어진 것이다.

우리나라는 해방 이후, 급속한 현대화 과정을 거치면서 이와 같은 오랜 시간동안 축적된 역사의 흔적들을 너무나 많이 잃어버렸다. 빠른 것과 새 것에 익숙한 나머지 느린 것이나 오래된 것의 중요성을 깨닫지 못하였으며, 그 결과 도시의 고풍스런 모습이나 고유한 특성들은 사라지고 걷기에 불편한 자동차 위주의 판박이형 도시로 변모하였다.

걷고싶은 도시가 되기 위해서는 보행의 쾌적성을 향상시키는 데서부터 출발하여야 한다. 보행의 쾌적성은 가로환경과 밀접한 관련을 가지고 있으며, 가로환경은 보도환경이 매우 중요한 역할을 하게 된다. 보도 양쪽으로 열지어 선 커다란 가로수

와, 벤치나 쓰레기통, 우체통과 같은 가로시설물, 각종 표지판, 횡단보도, 포장, 벽화 등은 보행환경의 쾌적성을 증진시키는 중요한 요소가 된다.

건축물이나 도시구조물과 마찬가지로 가로시설물이나 표지판 등의 색채연출은 의도적으로 리듬이나 악센트를 부여함으로써 활기있는 공간이나 변화감 있는 공간을 연출하되 주변의 가로환경을 매우 중요하게 고려하여야 한다.

특정가로에 설치되는 가로시설물의 경우, 개성있는 색채의 사용이 가능하나 가로시설물 색채의 통일성이 매우 중요하나, 기본적으로는 도시내에 있는 모든 요소들, 예컨대 옥외광고물, 표지판이나 교통신호 등 사인류, 건물색채, 심지어 교통수단이나 공사가림막까지도 포함하여 색채계획의 대상으로 고려함으로써 도시환경을 보다 쾌적하고 풍요롭게 만들 수 있다.

또한 가로는 성격에 따라 가로시설물을 비롯한 각종 사인류의 색채계획이 차별화되어야 하는 것이 바람직하며, 특히 주거지역과 달리 상업지역의 보행자 전용 몰은 주야간의 보행량이 많은 지역인데다가 가로변에 다양한 시설물과 간판들이 설치되어 매우 혼잡한 풍경을 보여주므로 바닥 등을 포함한 가로의 색채계획은 특히 중요하다고 할 수 있겠다.

집안의 자그마한 장식품들이 실내공간의 품격을 높여주듯이 가로시설물을 비롯한 각종 사인류 등은 도시가로에 놓인 그마한 소품이자 장식품으로서 도시공간의 품격을 높이는데 중요한 역할을 한다. 따라서 가로시설물을 포함한 건축물이나 도시구조물, 도시조형물 등이 전체적으로 조화될 수 있는 색채계획을 수립하는 것이 바람직하다.

CHAPTER_3-1

STREET FURNITURE

3-1_ 가로시설물

벤치나 의자는 가로시설물중 가장 대표적인 것이다. 도시 곳곳에 설치되기 때문에 여러 가지 색채의 사용이 가능하며 형태적으로도 다양성을 보여준다. 유지관리가 용이해야 할 뿐 아니라 사람들을 유도하여 편안하게 쉴 수 있도록 하여야 하기 때문에 견고하면서도 따뜻한 느낌의 재질이나 색채사용이 필요하다.

동일한 구역 내에 있는 벤치는 형태적으로는 동일하나 외관색상을 다르게, 혹은 외관 재료를 다르게 하여 차별화하는 경우가 종종 있다. 또한 시각적 인지도를 높이기 위해 빨간 색이나 노란 색, 파란 색 등의 원색을 사용하는 경우가 적지 않다.

1 Vivo City, Singapore
2/3 Drau(river) promenade, Villach, Austria

1

3

1

1/2/3/4 Venice Biennale, Venice(Venezia), Italy
5 Docklands, Melbourne, Australia
6 Around Squinty Bridge, Clyde riverside, Glasgow, United Kingdom

2

3

4

5

6

Gråbrødre Torv, Copenhagen(København), Denmark

OMEGA
Hælebaren
KULTORVET
HÆLEBAREN ved Kultorve
SLAGTEREN VED KULTORVET

1

가로시설물은 무엇보다도 그 기능적 측면이 중요하다. 하지만 가로환경을 구성하는 요소로서 가로시설물의 예술적 측면 또한 중요하게 고려되어야 한다. 벤치이면서 조형물처럼 디자인된 말뫼의 가로시설물(사진 1, 2), 여러 색상의 통나무 형상으로 제작된 벤치(사진 3, 5), 실내외 벤치의 색상을 다르게 구분한 코펜하겐의 도넛형 벤치 등은 예술적 측면을 고려한 가로시설물이다.

1/2 Ribersborgs stranden(Ribersborg Beach), Malmö, Sweden
3/5 Metro Eendrachtsplein, Rotterdam, Netherlands
4/6 Copenhagen(København), Denmark

2

3

4

5

6

1

2

기능적으로 벤치이면서 조형적 요소가 덧붙여져 가로시설물 자체가 하나의 조형 예술품으로 승화될 수 있다. 사람이 앉아 있는 모양의 벤치나 벽의 조형물에 연결된 듯한 의자와 파라솔, 벤치에 앉아 신문을 읽고 있는 모습의 조형물 등은 벤치로서의 기능을 훌륭하게 수행할 뿐 아니라 가로에 재미있는 하나의 에피소드를 제공해 주기도 한다.

1/2 Naoshima(直島), Kagawa prefecture(香川県), Japan
3 Clarke Quay, Singapore
4 Leopold Museum, Vienna(Wien), Austria

3

4

벤치는 딱딱한 느낌의 금속성 소재와 석재로 만들어지는 경우도 있으나 푹신푹신한 느낌의 소재로 만들어 사람들이 앉고 싶은 유혹을 느끼게 만들 수 있다. 어린이놀이터나 추운 지역에는 차가운 느낌의 금속성이나 석재보다는 따뜻한 느낌이 나는 소재를 사용하는 것이 바람직하다.

1 Foro Italico, Palermo, Italy
2 Kanazawa 21st Century Museum of Contemporary Art(金沢21世紀美術館)(architect : Sejima Kazuyo,妹島和世) Kanazawa(金沢), Japan
3 Clarke Quay, Singapore
4 Playground at Guggenheim, Guggenheim Museum, Bilbao, Spain
5 Student Center, Illinois Institute of Technology, Chicago, USA

2

3

4

5

Pillanatgépek
JUICE

2

3

오렌지 주스를 파는 오렌지 모양의 키오스크, 열차 객차 모양의 키오스크, 평소에는 조형물처럼 보이는 야외 탁구대 등은 도시 가로환경을 풍부하게 해 주는 요소이다.

1/2 Mučsarnok(Museum of Fine Arts), Hosok Tere(Heroes' Square), Budapest, Hungary
3 Rotterdam, Netherlands
4 Freiburg, Germany
5 ørestad, Copenhagen(København), Denmark

4

5

1 Drinking water, Hafen City, Hamburg, Germany
2/3/4 Viewpoint HafenCity, Hafen City, Hamburg, Germany

Rathaus
Speicherstadt
4

Odense, Denmark

Brevene må ikke indeholde penge
POST
Tirsdag
19 30

1

14
Resljeva cesta
DELOVNO IN SOCIALNO
SODIŠČE V LJUBLJANI
POŠTA

2

NordbayernPost
Zustellgesellschaft mbH & Co. KG
„Meine Post in guten Händen!"
SERVICE HOTLINE
0800 - 443 00 00
www.nordbayernpost.de

3

우체통은 멀리서도 쉽게 잘 눈에 띄어야 하므로 빨간 색이나 노란 색이 가장 일반적이다.

1 Liverpool, United Kingdom
2 Ljubljana Railway Station, Ljubljana, Slovenia
3 Nuremberg(Nürnberg), Germany
4 Lucerne(Luzern), Switzerland
5 Oslo, Norway
6 Copenhagen(København), Denmark
7 Rotterdam, Netherlands

4

5

6

7

1

2

3

영국의 빨간 전화부스(사진 6)처럼 개성있는 가로시설물은 한 국가의 아이콘이 될 수 있다.

1 Liverpool, United Kingdom
2 City Hall, Oslo, Norway
3 Hamburg, Germany
4 Melbourne, Australia
5 Rotterdam, Netherlands
6 Edinburgh, United Kingdom
7 Christchurch, New Zealand

4

5

6

7

1

쓰레기통 역시 벤치와 마찬가지로 흔히 볼 수 있는 가로시설물로서, 사용되는 지역과 용도에 따라 그 형태나 크기가 다르다.

최근에 쓰레기통은 재활용을 위한 분리수거 움직임에 따라 쓰레기 유형에 따라 분리하여 배출될 수 있도록 용도별로 분리된 쓰레기통이 한 장소에 집합 배치되는 추세에 있다.

이를 위해 쓰레기통은 형태적으로는 동일하지만 쓰레기 수거함 유형별로 다른 색상을 사용하여 식별할 수 있도록 하고 있다.

1/3 Hamburg, Germany
2 Ørestad, Copenhagen(København), Denmark
4 Stazione Porta Garigaldi(Garibaldi Station), Milan(Milano), Italy
5 Amsterdam, Netherlands
6 Liverpool, United Kingdom
7 Budapest, Hungary

2

3

4

5

6

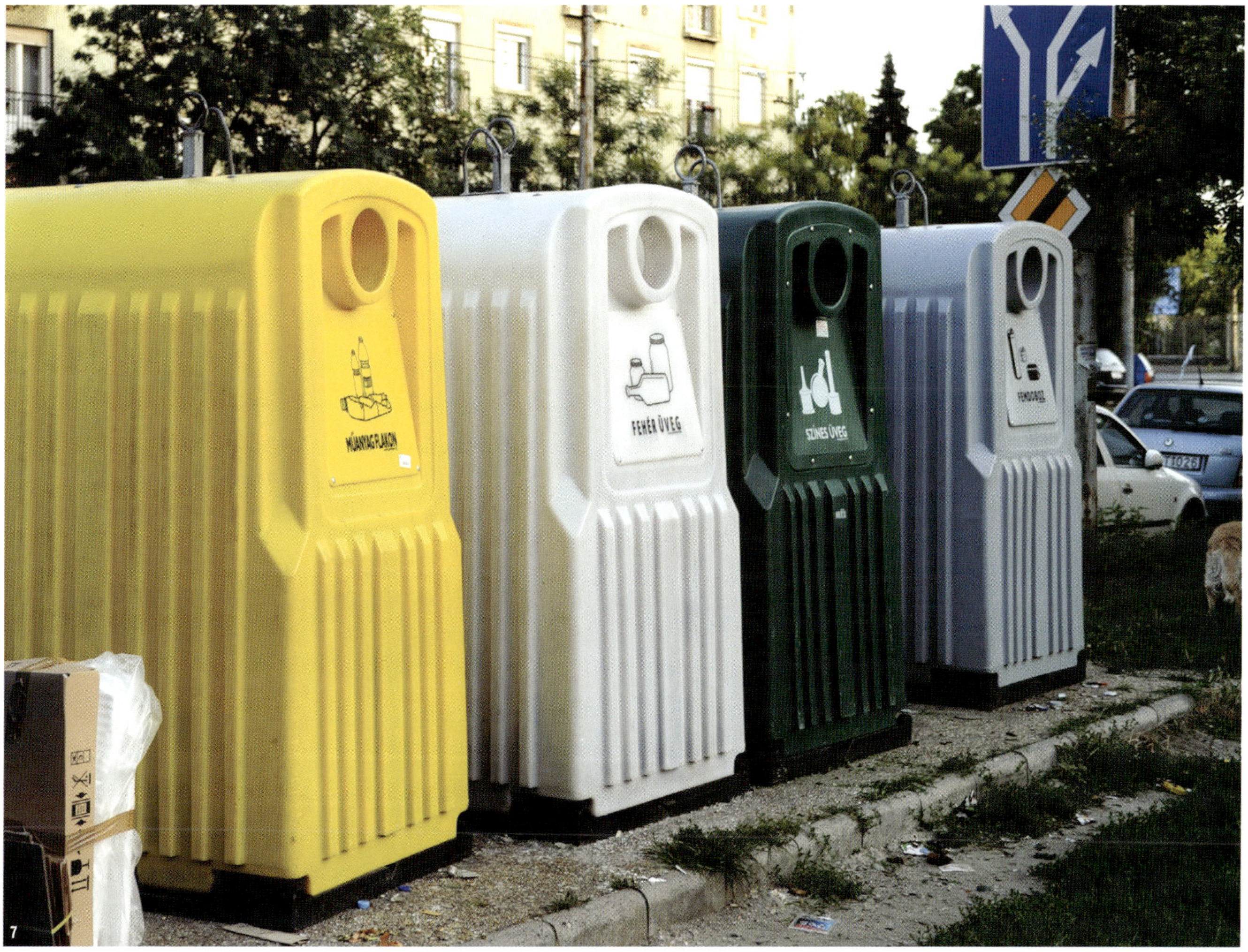

7

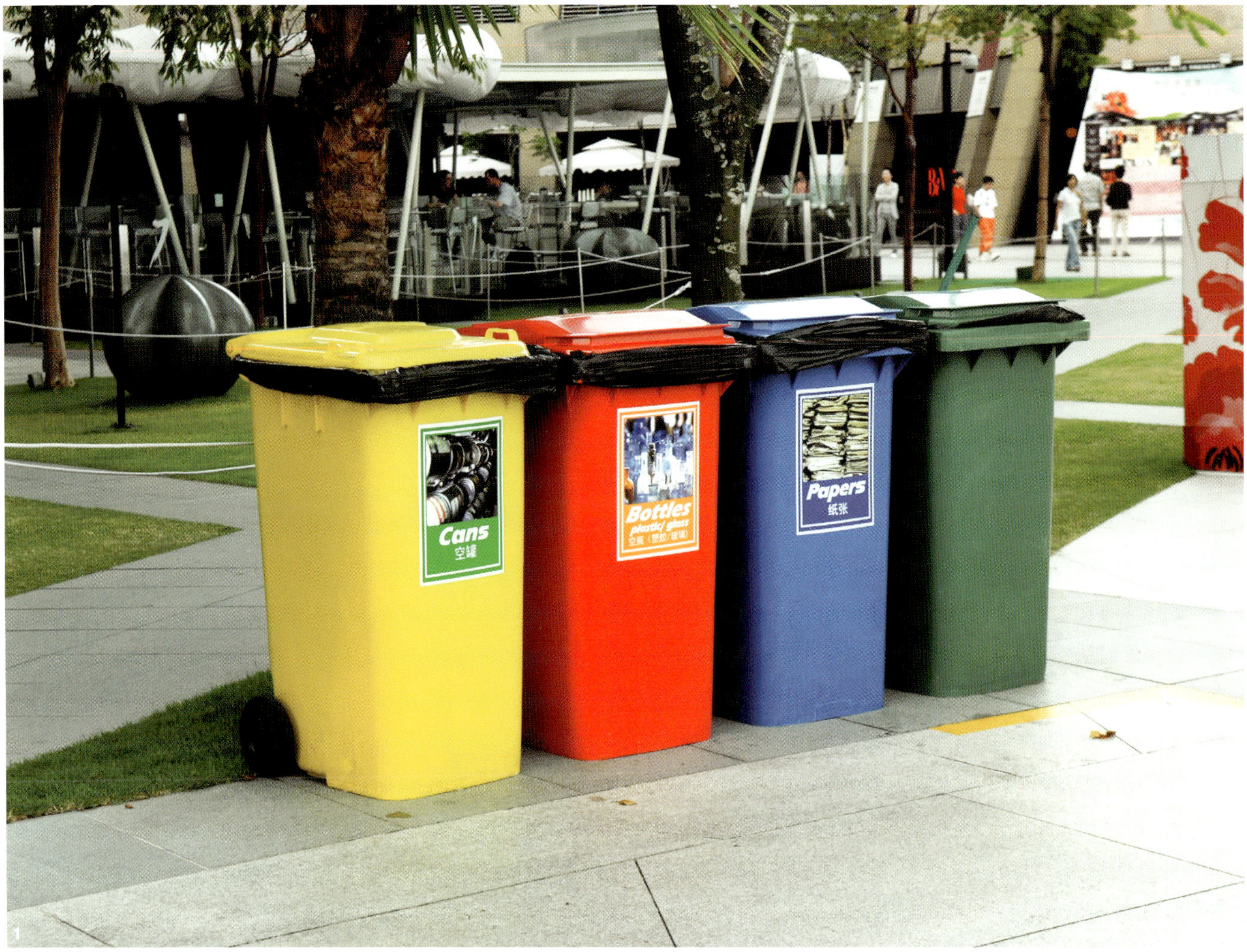
Cans
空罐
Bottles
plastic/glass
Papers
纸张

1

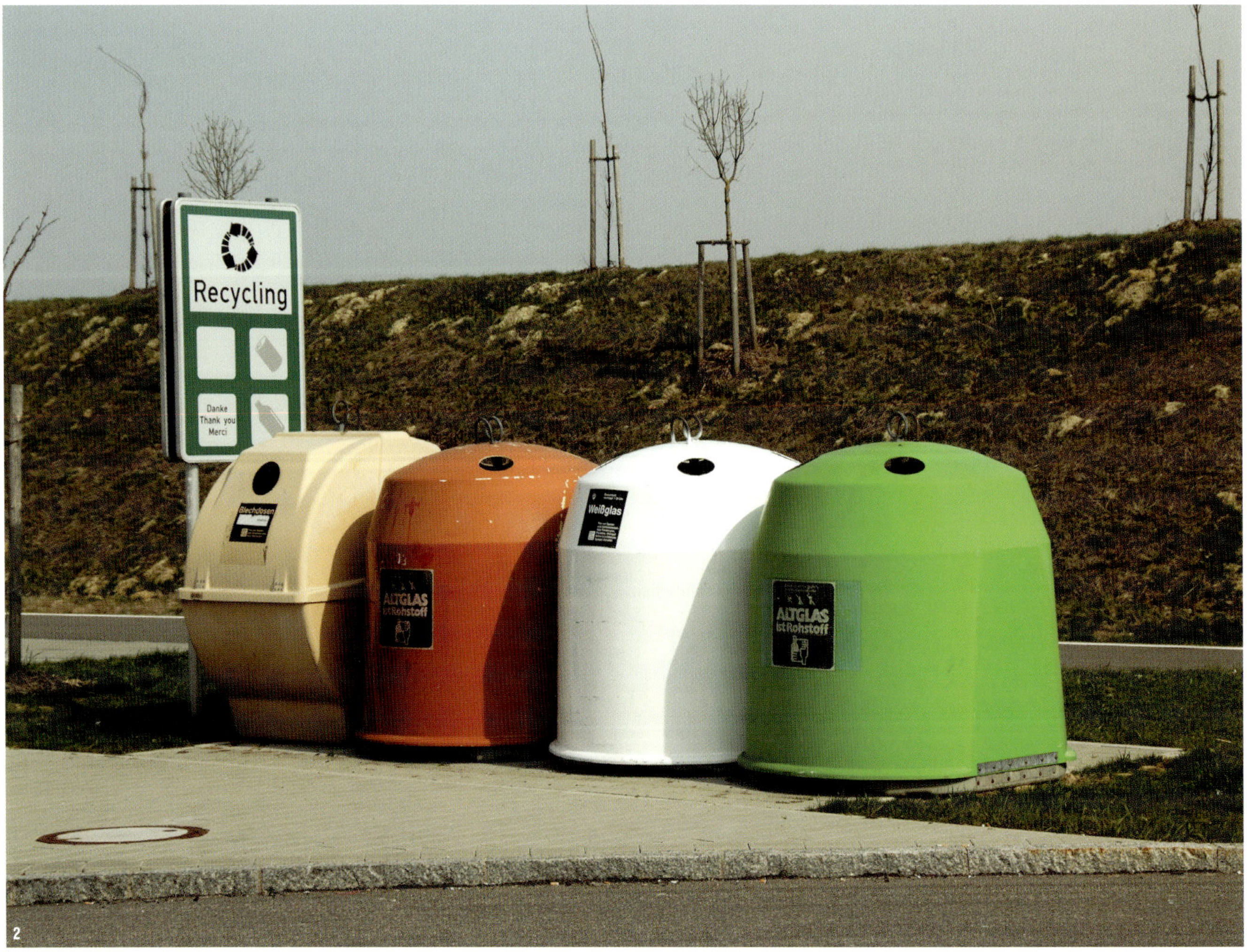
Recycling
Danke
Thank you
Merci
Blechdosen
Weißglas
ALTGLAS
ist Rohstoff
ALTGLAS
ist Rohstoff

2

3

4

5

1 Esplanade, Marina Bay, Singapore
2 Highway, Germany
3 Oslo, Norway
4 Newcastle, United Kingdom
5 Almere, Netherlands

1

2

3

전기단자함, 무인주차기, 트램 비상전화 등 가로변에 설치되는 각종 설비시설들은 자칫 잘못하면 가로경관을 해칠 수 있으나 적절한 디자인과 색상으로 도시가로의 환경조형물처럼 도시미관을 향상시킬 수 있다.

1/2/5 Düsseldorf, Germany
3/4 Hamburg, Germany

CHAPTER_3-2

ADVERTISEMENT & SIGN SYSTEM

3-2_ 광고 및 표지판

건물 전체를 뒤덮은 광고표지판은 가로의 미관을 해칠 뿐 아니라 인식하기도 어렵다. 아름다운 간판은 가로의 미관을 증진시켜주므로 건축물의 외관이나 가로환경과 조화되는 것이 매우 중요하다.

광고물이나 표지판은 이를 통하여 정보를 얻고자 하는 사람들에게 최대한 빠르고 정확하게 전달하기 위한 목적을 가지고 있다.

규모가 큰 복합용도개발 지역이나 초고층 등 대규모 건축물은 사람들이 붐비는 1층 모서리나 교차로 지점 가까이의 지면 위에 건물명을 알 수 있는 문자형 광고물을 조형적으로 제작, 설치하는 것이 도시경관에 도움이 된다.

지상에 설치되는 문자도안의 조형물이나 광고물은 시각적으로 잘 알 수 있도록 크기가 눈높이를 넘지 않는 것이 일반적이며, 멀리서 쉽게 구분하도록 하기 위해 인지성이 높은 색을 사용하는 경우가 많다.

1/2 SOHO Sanlitun(SOHO 尚睹), Beijing(北京), China

1

2

1

건물명을 직접 문자로 만들어 설치하는 경우도 있지만 방송국처럼 잘 알려진 건축물의 경우, 건물을 대표하는 로고나 숫자 등으로 간단하게 표시하기도 한다.

Channel 4의 경우, 방송국 정문에 채널번호를 상징하는 4번을 계절별로 다르게 장식하여 상징물로 사용한다.

1/2/3/4 Channel 4 Television Headquarters(architect : Richard Rogers), London, United Kingdom

건물 모서리나 건물 정면의 1층 간판에 설치하는 옥외광고물은 판류형의 가로간판보다는 문자나 도형 등을 건물의 벽면에 직접 부착하는 입체형이 바람직하며, 이 경우, 색상이 부분적으로 사용될 수 있다.

1 Studio 7, Melbourne, Australia
2 Drau(river) promenade, Villach, Austria
3 CSU, Nuremberg(Nürnberg), Germany
4 Euro Plaza, Vienna(Wien), Austria

3

4

1 Sandvika, Oslo, Norway
2 Langkawi, Malaysia
3 Malmö, Sweden
4 Omena Hotel, Copenhagen(København), Denmark

4

Villach, Austria

T CLUB
BAR
INTOUCH

1 Amalfi, Naples(Napoli), Italy　2 Graben, Vienna(Wien), Austria　3 Copenhagen(København), Denmark

1

2

1 Times Square, Manhattan, New York, USA 2 Dotonbori(道頓堀), Osaka(大阪), Japan 3 Graben, Vienna(Wien), Austria

MEDIAMAGIC
JIPITOY!
EXIT.
JENNINGS KIDS
RDZENIEWSKI
BERNSTEIN
BANDOLERA
pierre cardin
MAGIC TOURS
Int. Reisebüro – Tauchreisen
KUONI
strellson
ESCADA
ACCESSOIRES
BOSS
LONGCHAMP

3

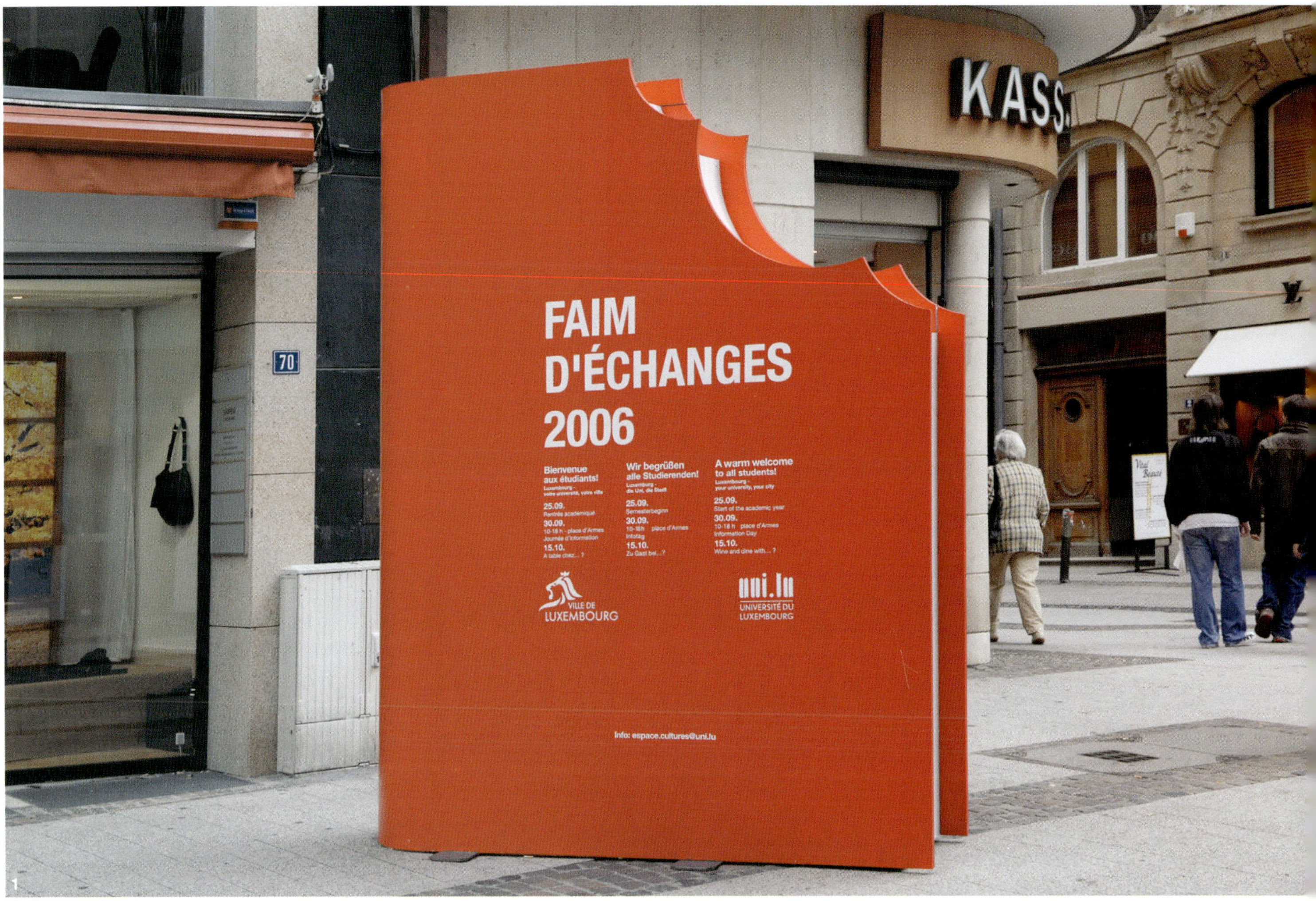

KASS
70
FAIM
D'ÉCHANGES
2006
Bienvenue aux étudiants!
25.09.
30.09.
15.10.
Wir begrüßen alle Studierenden!
25.09.
30.09.
15.10.
Zu Gast bei...?
A warm welcome to all students!
Luxembourg - your university, your city
25.09.
Start of the academic year
30.09.
10-18 h place d'Armes
Information Day
15.10.
Wine and dine with... ?
VILLE DE LUXEMBOURG
uni.lu
UNIVERSITÉ DU LUXEMBOURG
Info: espace.cultures@uni.lu

1

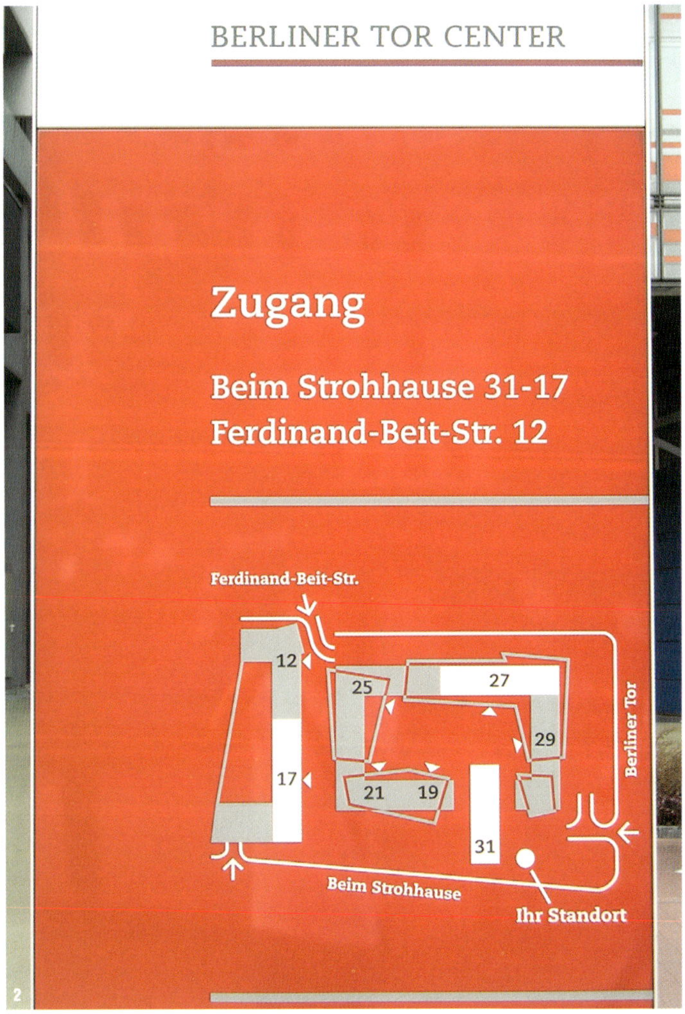

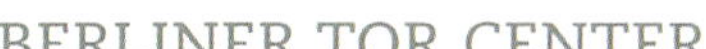

BERLINER TOR CENTER
Zugang
Beim Strohhause 31-17
Ferdinand-Beit-Str. 12
Ferdinand-Beit-Str.
12
25
27
29
17
21
19
31
Berliner Tor
Beim Strohhause
Ihr Standort

2

M

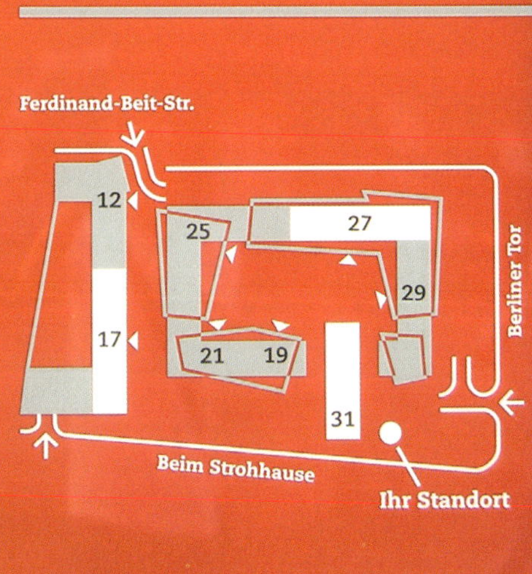

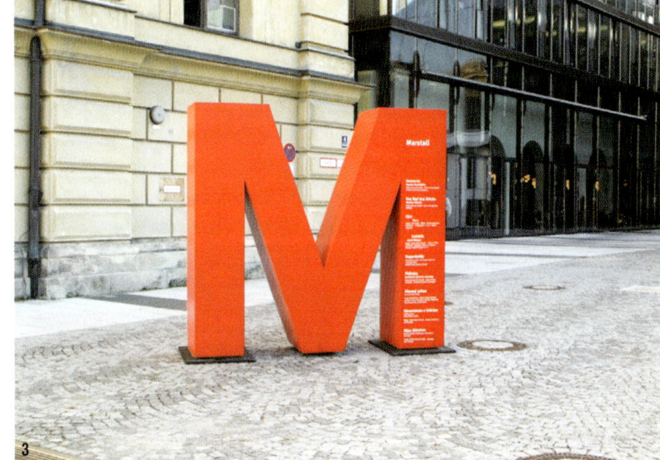

3

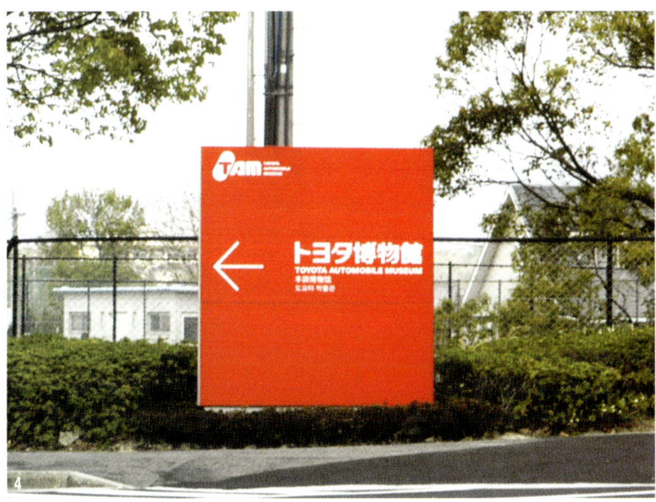

トヨタ博物館
TOYOTA AUTOMOBILE MUSEUM

4

5

빨간 색의 표지판은 복잡한 도시에서 멀리서도 눈에 잘 띄며, 커다란 판형의 표지판을 사용할 경우, 세부적인 내용을 가까이서 볼 수 있도록 기재한다. 이와 같은 표지판은 멀리서 보면 하나의 도시조형물처럼 보이도록 하는 것이 중요하다.

1 Luxemburg
2 Hamburg, Germany
3 Munich(München), Germany
4/8 Toyota Museum, Aichi Prefecture(愛知県), Nagoya(名古屋), Japan
5 Puente San Luis, Valencia, Spain
6/7 Venice Biennale, Venice(Venezia). Italy

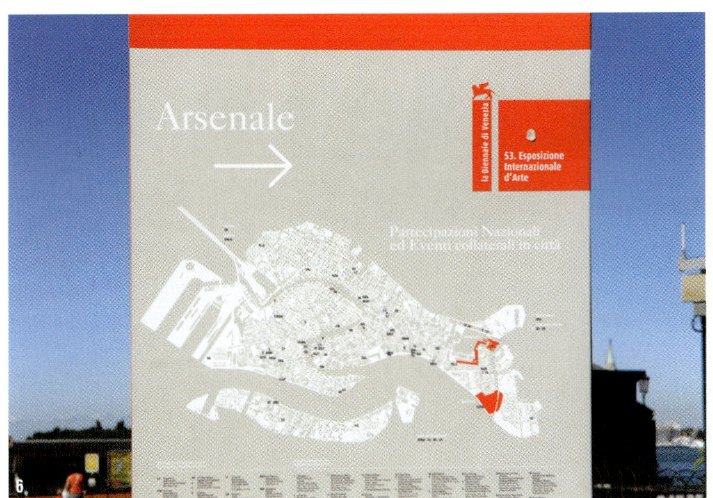

6

7

8

1/2 Venice Biennale, Venice(Venezia), Italy
3 Darling Harbour, Sydney, Australia
4 Clarke Quay, Singapore
5 Wohnen am Park apartment buildings, North of Rudolf Bednar Park, Vienna(Wien), Austria

1

la Biennale di Venezia
53. Esposizione Internazionale d'Arte
Arsenale
2

DARLING HARBOUR
LIVERPOOL STREET
3

the
promenade @ Clarke Quay
4

Kleinkinder-Spielplatz
Generationen-
Aktivzone
Quartiersgärten
Gartenbezirk 2
Tel. 4000-42 312
Rad fahren
verboten
Park
sauber halten
Hunde an die Leine
ausgenommen
Hundeauslauf
5

cosmopoetica
CÓRDOBA 2016
www.cosmopoetica.es

2

3

사람모양의 표지판은 사람들에게 친숙한 느낌을 주며, 전시나 회의 등 특정한 행사를 알릴 목적으로 설치하거 나 건물의 방향을 알려줄 목적으로 설치하기도 한다.

1 Biblioteca Central, Cordoba, Spain
2/3/4 Hauptbahnhof, Freiburg, Germany
5 Brussels(Bruxelles), Belgium

4

5

방향표지판은 하나의 지주에 여러 방향의 목적지가 표시되기 때문에 적절한 색상의 배합은 인지성 향상에 매우 중요하다. 방향에 따라 색상을 다르게 하는 경우도 있지만(사진 2, 3) 동일한 색상으로 표지판의 방향을 표시하는 경우도 많이 있다(사진 1, 4).

1/4 Lucerne(Luzern), Switzerland
2 Docklands, Melbourne, Australia
3 Rotterdam, Netherlands

Weggis 15 Min.
Rigi - Kaltbad 3 Std. 10 Min.
Rigi - Kulm 4 Std. 20 Min.
First 3 Std. 25 Min.
Weggis (Station SGV und Bus) 435 m
Wilen 1 Std. 40 Min.
Vitznau 2 Std. 10 Min.
Wissiflue 3 Std. 40 Min.
Gersau 4 Std. 50 Min.
Greppen 1 Std. 10 Min.
Immensee 2 Std. 25 Min.
Küssnacht 2 Std. 15 Min.
Seebodenalp 2 Std. 35 Min.
Immensee 3 Std. 50 Min.
Vitznau 2 Std. 25 Min.
Greppen 50 Min.
Küssnacht 2 Std.
Unter Eggi 20 Min.
Rigiblick 35 Min.
Eggisbüel 35 Min.
Herrenwald 50 Min.
Hertenstein 1 Std. 10 Min.
Zopf 25 Min.
Rörli 50 Min.
Greppen 1 Std. 30 Min.
Küssnacht 2 Std. 25 Min.
Parcours
100 m
SGV
P
Taxi

1/2 Copenhagen(København), Denmark
3 Hotel Bleston Court, Karuizawa(軽井沢), Japan(日本)
4 Olympic Stadium, Beijing(北京), China
5 Manchester, United Kingdom
6 Rigot, Geneva(Geneve), Switzerland
7 Karlsruhe, Germany
8 S-Bahn Berliner Tor station, Hamburg, Germany

Rigot
11 Jardin Botanique
28 Jardin Botanique

6

DAS AUSMASS AN TOLERAN
Z IST GRÖSSER GEWORDEN.
VIELES WAR FRÜHER TABU,
WAS HEUTE IM TÄGLICHEN L
EBEN ZU SEHEN IST. ICH S
ELBST BIN GESPALTEN, WE
NN ICH AUF DER STRASSE
VERMUMMTE FRAUEN SEH
E. ABER ICH MACHE MIR KEI
NE GEDANKEN, WENN EINE
KATHOLISCHE NONNE AN M
IR VORÜBERGEHT. DIE HAU
BE DER EINEN UND DAS KO
PFTUCH DER ANDEREN, WO
IST DA DER UNTERSCHIED?

7

S1 S11
Berliner Tor
S2 S21 BUS TAXI
Ausgang / Exit
F

8

1

표지판은 색상과 조명이 함께 사용될 경우 훨씬 효과적인 정보전달이 가능하다.

런던 지하철의 역 이름을 표시하는 로고는 세계적으로 매우 유명해서 단순한 역명을 나타내는 것만이 아닌, 런던을 대표하는 상징물로 종종 사용되기도 한다.

1/2/3/4 Underground, London, United Kingdom

2

3

4

1

2

1 Liverpool One(shopping mall), Liverpool, United Kingdom
2 SOHO Sanlitun(SOHO 尚睹), Beijing(北京), China
3 Sentosa Station, Singapore
4 Ampang Mall, Kuala Lumpur(kwalalŏmpŏ), Malaysia
5 Stazione Termini(Termini railway station), Rome(Roma), Italy

sentosa
Buses & Coaches
sentosa express
Toilets
3

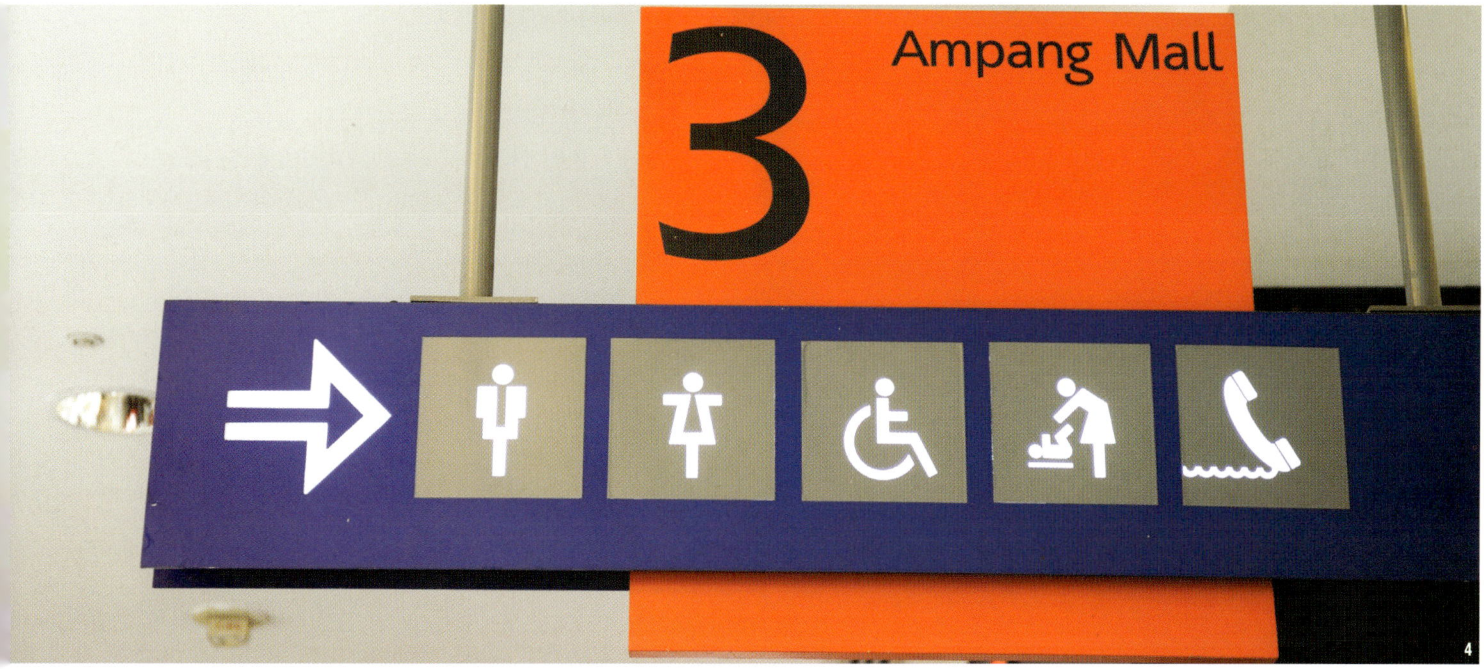

3
Ampang Mall
4

Binari 1-23
M
5

1

1 Ponte dei Sospiri(Bridge of sighs), Venice(Venezia), Italy 2/3 Big Screen, Clayton Square Shopping Centre, Lime Street station, Liverpool, United Kingdom

CHAPTER_3-3

MURAL

3-3_ 벽화

벽화는 인공적인 도시형성의 결과 생겨난 회색의 거리나 건물, 공장이나 건물의 벽면, 거리의 옹벽이나 콘크리트 구조물 등에 아름답거나 역사적인, 혹은 코믹한 그림을 그려 도시의 이미지를 개선하고 도시환경을 쾌적하게 하는 조형적 언어로서, 도시의 정체성을 강화하고 문화적 환경을 조성하는데 중요한 역할을 한다.

우리나라도 최근에 공공디자인을 통한 도시환경 개선에 적극적으로 나서면서 도시의 흉물로 남아 있던 벽면이나 옹벽, 도시구조물 등에 벽화를 도입하는 사례가 늘어나고 있다. 하지만 유럽의 도시들과는 달리 가로의 단조로움을 극복하고 가로의 예술성을 높이는 측면보다는 도시의 흉물을 감추고 보완하는 측면에서 접근함으로써 품격높은 벽화로 승화되지 못하고 있다.

S-Bahnhof Zoo station area, Dusseldorf, Germany

때때로 벽화는 창이 있는 벽면을 활용하는 경우도 있다. 마치 한 폭의 캔버스(canvas)처럼 건물 정면에 그린 벽화가 아름다운 것은 대부분의 가로변 건물들이 고풍스럽고 단정한 형태로 정돈되어 있기 때문이다.

S-Bahnhof Zoo station area, Düsseldorf, Germany

1

2

3

아파트 측벽이나 블록 끝단에 위치한 건축물, 지하철 구조물, 도시의 옹벽이나 골목길, 도시에 설치되는 각종 설비단자함 등에 그려진 벽화는 단조롭고 무미건조한 도시공간을 아름답게 한다.

창문없는 블록 모서리 건축물의 벽이나 건물 입면의 벽, 혹은 옹벽 등 비어있는 도시의 벽면에 그린 가로벽화는 정보전달의 장으로 사용되거나 거리미술로서 도시에 사는 사람들에게 예술적 감흥을 불러일으킨다.

1 Oslo, Norway
2 Düsseldorf, Germany
3 Malmö, Sweden
4 Copenhagen(København), Denmark
5 Almere, Netherlands

5

1/4 Amsterdam, Netherlands
2 Gothenburg(Göteborg), Sweden
3 Malmö, Sweden

2

3

4

1 Lyon, France 2/3/4/5/6/7 Musee Urbain Tony Garnier(architect : Tony Garnier), Lyon, France

4

5

6
Electricine
SALON DU CYCLE
L'ALÉTHORAMA
LYON
AMBASSADEURS
aristide BRUANT
Carnaval 1894
BAL MASQUÉ
Mairie de Lyon
FETES CENTENAIRE
LA VOITURE
BERLIET
CINÉMATOGRAPHE LUMIÈRE
LAMPE O.R

7

Odense, Denmark

Skt. Anne Plads
Filosofgangen P-hus

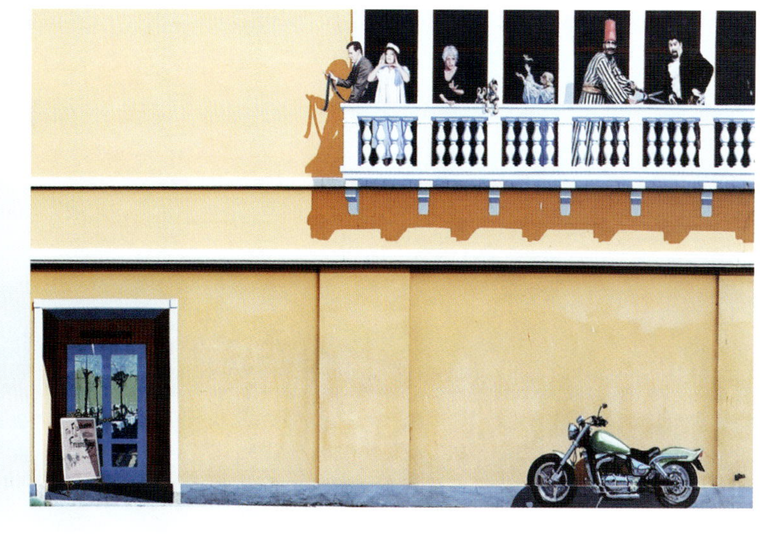

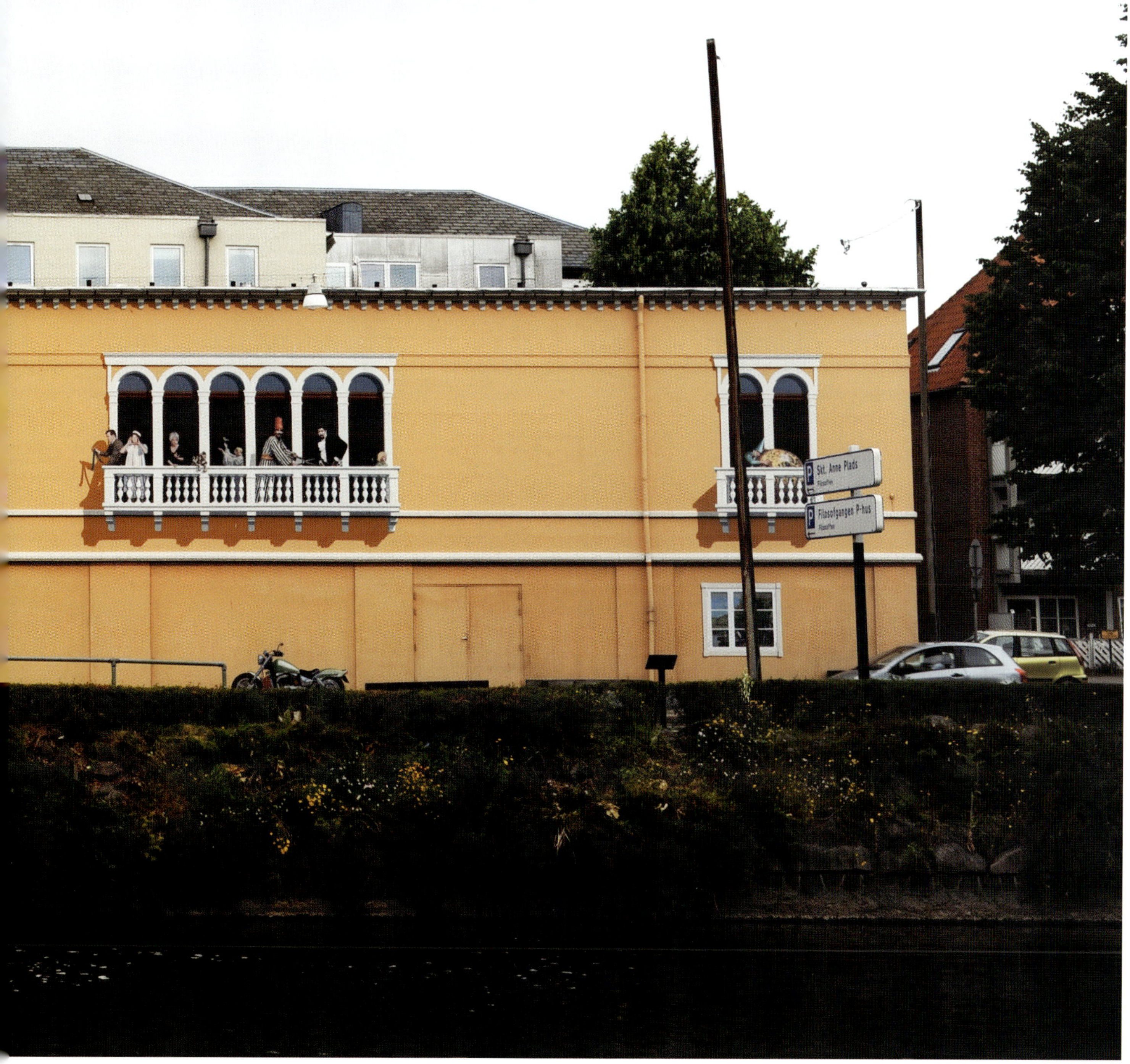

아무런 창이나 문이 없는 벽면에 창과 사람들을 그려넣거나(사진 1, 4, 앞 페이지 사진 1, 2) 사람얼굴을 모자이크로 만들어 넣으면(사진 7) 단조롭기 쉬운 공간을 재미있는 공간으로 바꿀 수 있다.

1 Palermo, Italy
2 Rotterdam, Netherlands
3 Vienna(Wien), Austria
4 Dijon, France

3

4

1

2

3

4

1/2 Lysaker, Oslo, Norway
3 Leopold Museum, Vienna(Wien), Austria
4 798 Art Zone(798 Art District or Factory 798, 798 艺术区), Beijing(北京), China
5 VM House(architect : JDS), ørestad, Copenhagen(København), Denmark

5

반달리즘의 결과 나타나는 그라피티(graffiti)는 최근 일종의 예술로서 받아들여지기도 하는데, 주로 사람들의 왕래가 드문 철도 주변의 벽이나 골목에 집중적으로 나타난다.

1 Melbourne, Australia
2 Potsdamer Platz, Berlin, Germany
3 Amsterdam, Netherlands
4 Auckland, New Zealand

4

벽화를 사실적으로 묘사하기 위해 벽면에 실제로 벽화 일부분을 만들어 붙이는 경우가 있다.
(사진에서는 개 목줄의 실제 손잡이를 만들어 벽에 설치하였다)

Vienna(Wien), Austria

stadt

CHAPTER_3-4

PLACES FOR RELAXATION

3-4_ 휴식공간

도심가로에 있는 야외카페는 다양한 색상과 형태의 파라솔과 의자 등으로 도시에 활력을 불어넣는다.
빨강과 파랑, 노랑 등으로 채색된 의자와 파라솔 등, 도심지 야외카페는 콘크리트로 둘러싸인 도시에 놓인 한 줄기 오아시스와 같다.

1 Prague(Praha), Czech Republic
2 Heidelberg, Germany

1

heidelberger
frühling
heidelberger
frühling

1

2

1 Federation square, Melbourne, Australia
2 Düsseldorf, Germany
3 Christchurch, New Zealand
4 Hamburg, Germany
5 Linz, Austria

Aix-en-Provence, France

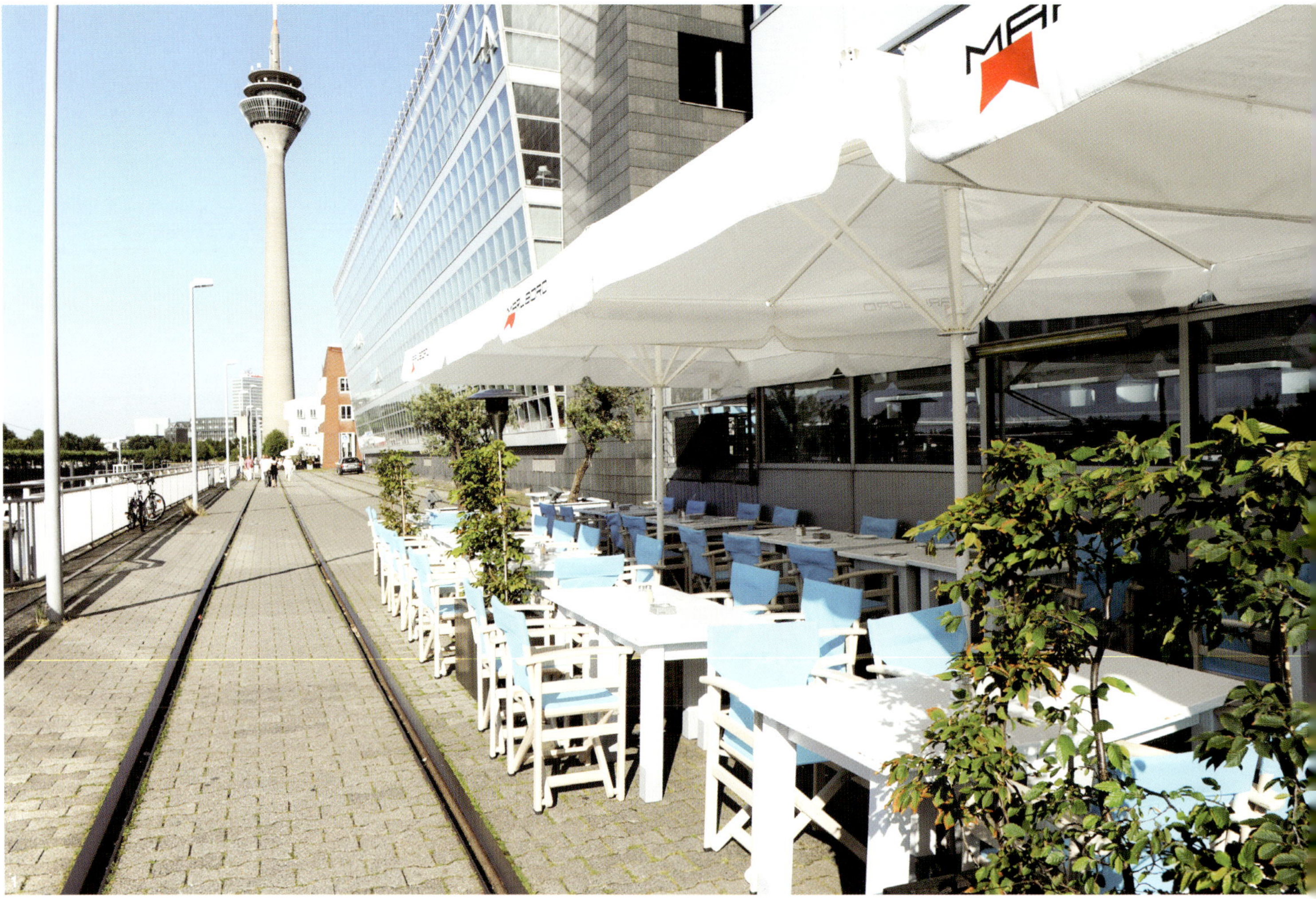

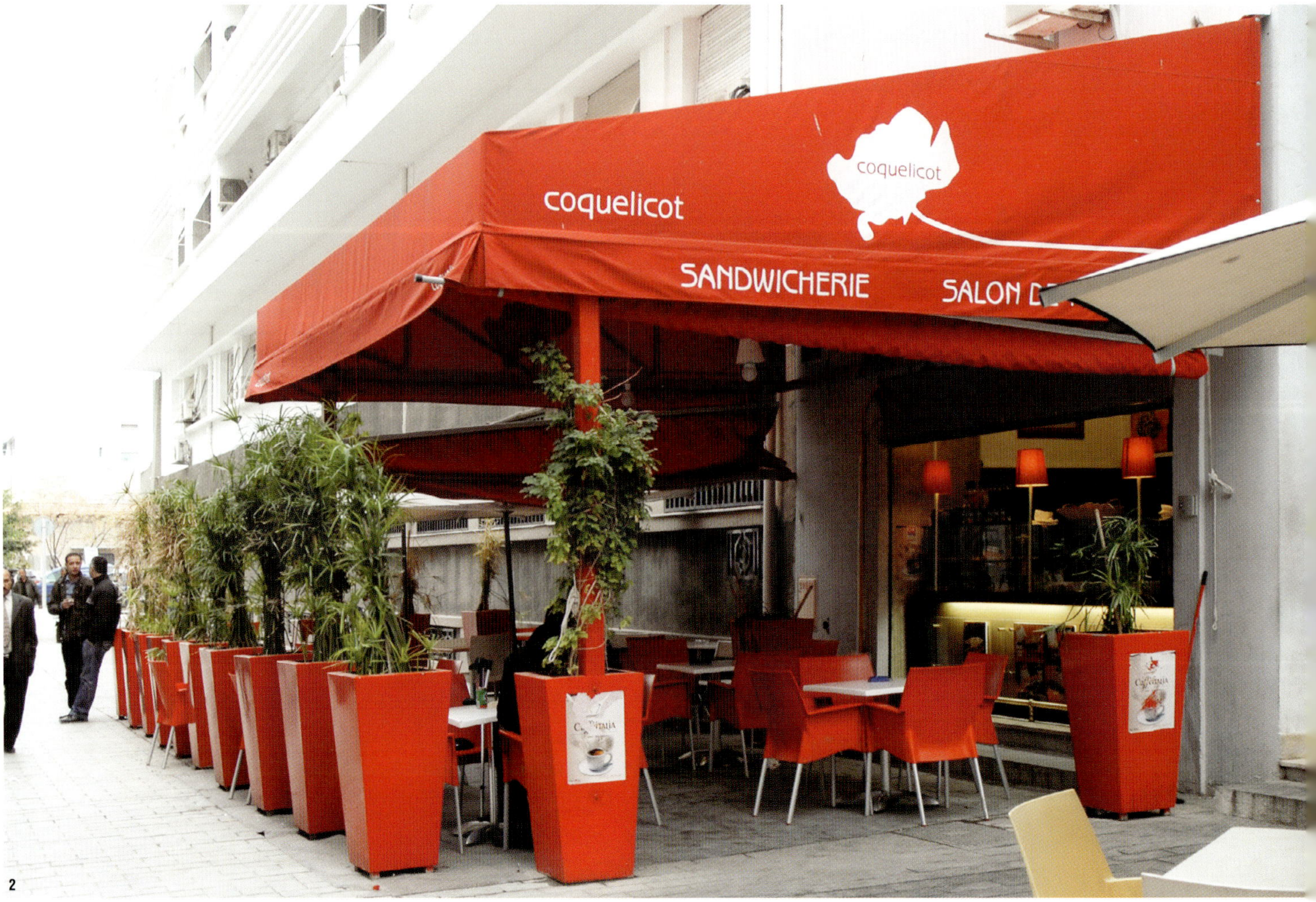
coquelicot
coquelicot
SANDWICHERIE
SALON

1 Medien Hafen, Düsseldorf, Germany
2/4 Around Centre Claridge, Tunis(تونس), Tunisia
3 Stockholm, Sweden

일반적으로 파라솔은 빨강이나 노랑, 파랑, 녹색 등의 원색계열이 많이 사용되나 열대지방의 경우, 하얀 색상의 파라솔 사용이 많다.

1 Hellerup, Copenhagen(København), Denmark
2 Lankawi Westin Hotel, Langkawi, Malaysia
3 Albertina, Vienna(Wien), Austria
4 Fira, Santorini(Σαντορίνη), Greece
5 Athens(Αθήνα, Athina), Greece

3

4

5

1 Cafeteria(sculptor : Tobias Rehberger, 2009), Venice Biennale, Venice(Venezia), Italy
2 Xintiandi(新天地), Shanghai(上海), China
3 798 Art Zone(798 Art District or Factory 798, 798 艺术区), Beijing(北京), China

CHAPTER_3-5

TRANSPORTATION

3-5_ 교통시설

기차나 트램, 모노레일, 버스, 택시 등 대중교통수단에 흑백의 무채색이 아닌 다양한 색상들을 사용함으로써 도시가로에 포인트를 줄 수 있다.

특히 교통시설은 특정 장소에 오랫동안 존재하는 도시구조물이나 조형물과 달리 움직이는 물체이기 때문에 도시가로 곳곳에 재미있는 분위기 연출이 가능하다. 프로펠러 비행기의 외관만으로도 열대지방의 휴양지 분위기를 듬뿍 느낄 수 있다.

Domestic Airport, bangkok, Thailand

1

전차는 오래된 도시의 흔적을 보여주는 고풍스런 느낌의 색채를 가지고 있는 반면(사진 1, 2), 트램이나 기차는 그 역할이나 기능을 고려하여 도시의 정체성을 잘 보여주는 현대적인 형태로 디자인된다(사진 2, 4, 5).

1 Vienna(Wien), Austria
2 Dijon, France
3 Christchurch, New Zealand
4/5 Nuremberg(Nürnberg), Germany

Bourgogne
Conseil régional

2

CITY LOOP
TRAM & GONDOLA COMBO
Visit two of Christchurch's icon attractions for a discounted rate!
Ask our friendly staff for details.
&
ADULT $30 CHILD $12 FAMILY $65
Romantic Escape
CHRISTCHURCH TRAMWAY
3

park inn
Das farbenfrohe Hotel im Herzen von Nürnberg
park inn
www.nuernberg.parkinn.de
park inn
1013
4

Treno Val Pusteria
5

Thalis, Amsterdam, Netherlands

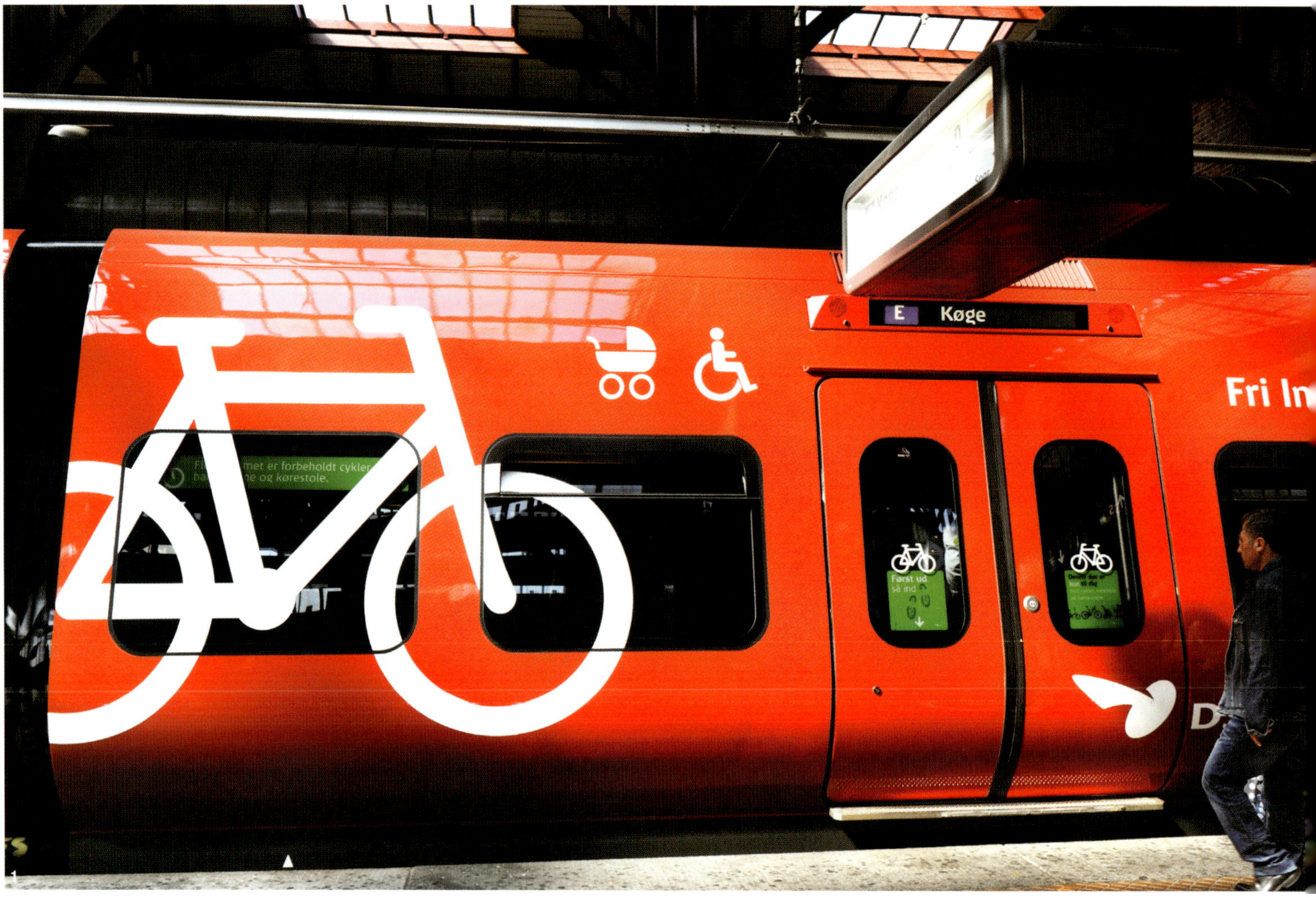
E Køge
1

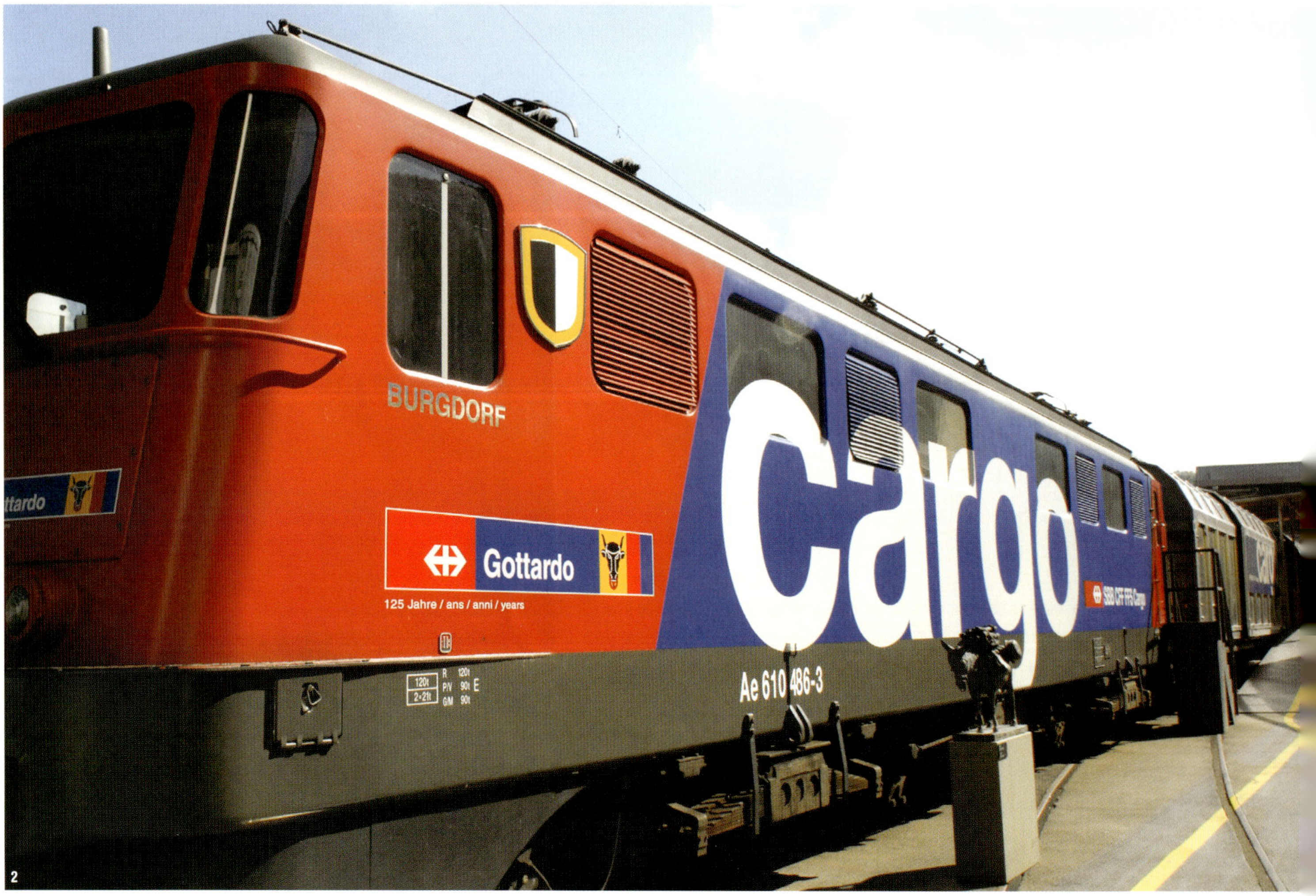
BURGDORF
Gottardo
125 Jahre / ans / anni / years
cargo
SBB CFF FFS Cargo
Ae 610 486-3
2

3

4

기차는 전체적으로 통일된 분위기의 색조를 가지면서도 기능적인 측면의 각종 로고나 문양들이 표현되는데, 코펜하겐 역에 서 있는 기차는 외관에 그려진 자전거, 유모차, 휠체어 표시로 이들의 탑승이 가능함을 잘 알 수 있다.(사진 1)

1 Copenhagen(København), Denmark
2 Lucerne(Luzern), Switzerland
3 Prague(Praha), Czech Republic
4 Budapest, Hungary
5 Liverpool, United Kingdom

5

1

1 Stuttgart, Germany
2 Rotterdam, Netherlands
3 Amsterdam, Netherlands
4 Prague(Praha), Czech Republic

2

3

4

1

스위스 루체른의 산악열차(사진 1, 2)는 관광용 열차이기 때문에 관광의 분위기를 느낄 수 있는 다양한 외관을 가지고 있는데, 북유럽이나 알프스 산악지방의 주택외관에서 볼 수 있는 짙은 갈색으로 채색된 열차(사진 2)도 있다.

도시가로를 다니는 트램(사진 3, 4)은 그 외관이 광고판으로 사용되기도 하며, 여름철의 뜨거운 햇빛을 차단하기 위해 창문까지 각종 문양으로 덮이는 경우가 많다.

1/2 Lucerne(Luzern), Switzerland
3 Düsseldorf, Germany
4 Oslo, Norway

2

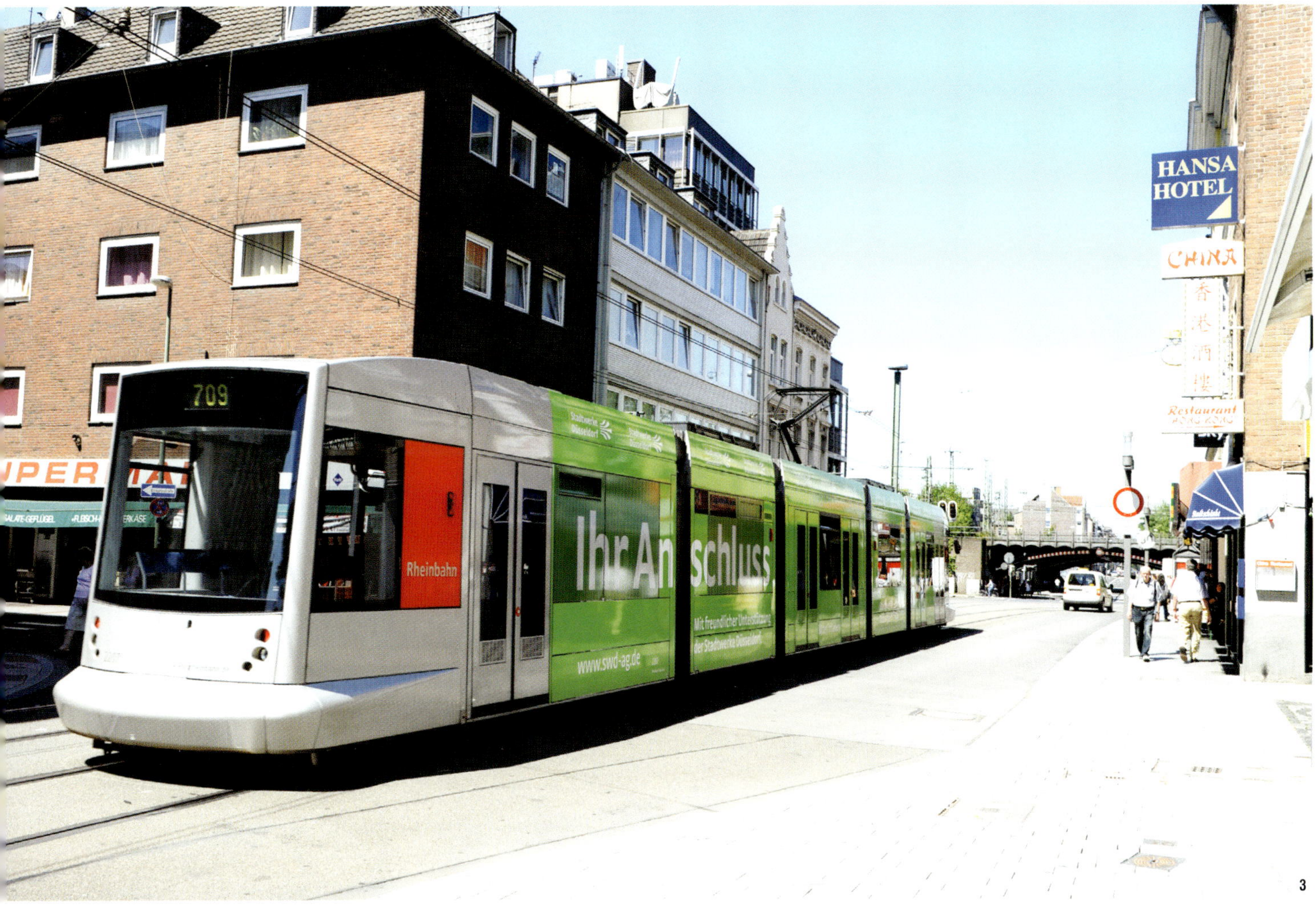
709
Rheinbahn
Ihr Anschluss
www.swd-ag.de
HANSA
HOTEL
CHINA
Restaurant

3

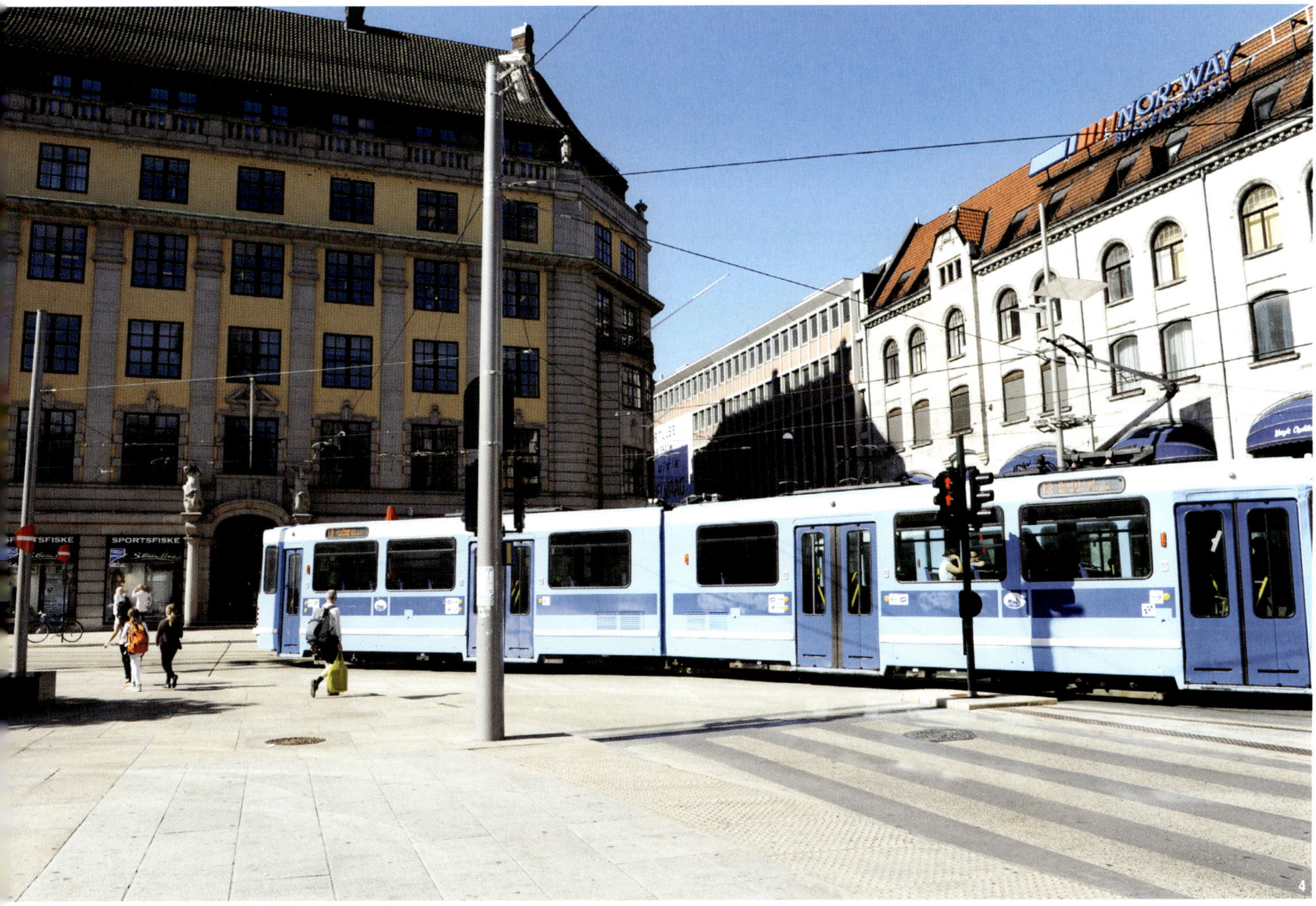
NOR-WAY
SPORTSFISKE

4

1 Prague(Praha), Czech Republic
2 Budapest, Hungary
3 Amsterdam, Netherlands
4 Karlsruhe, Germany
5 Milan(Milano), Italy

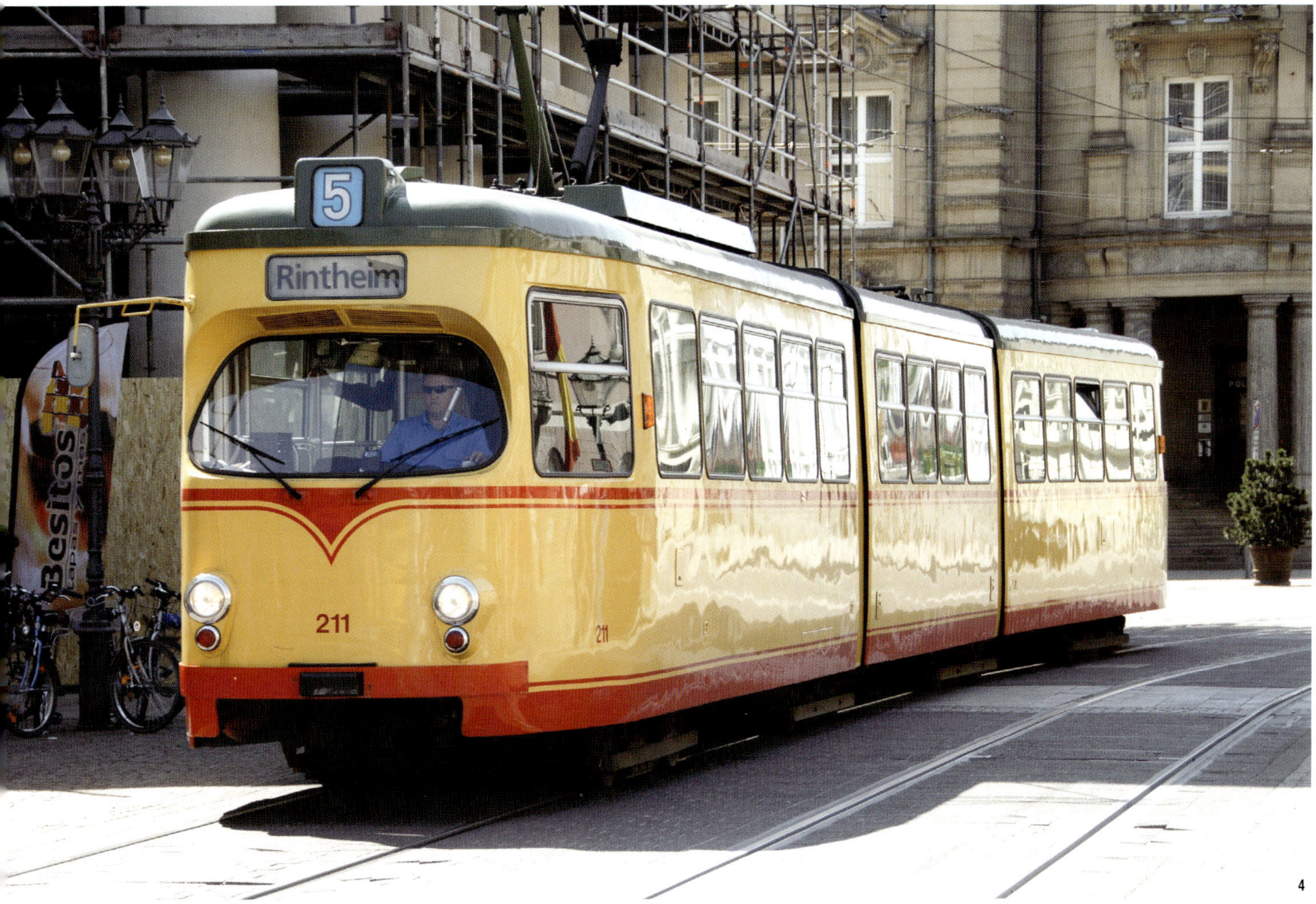
5
Rintheim
211

4

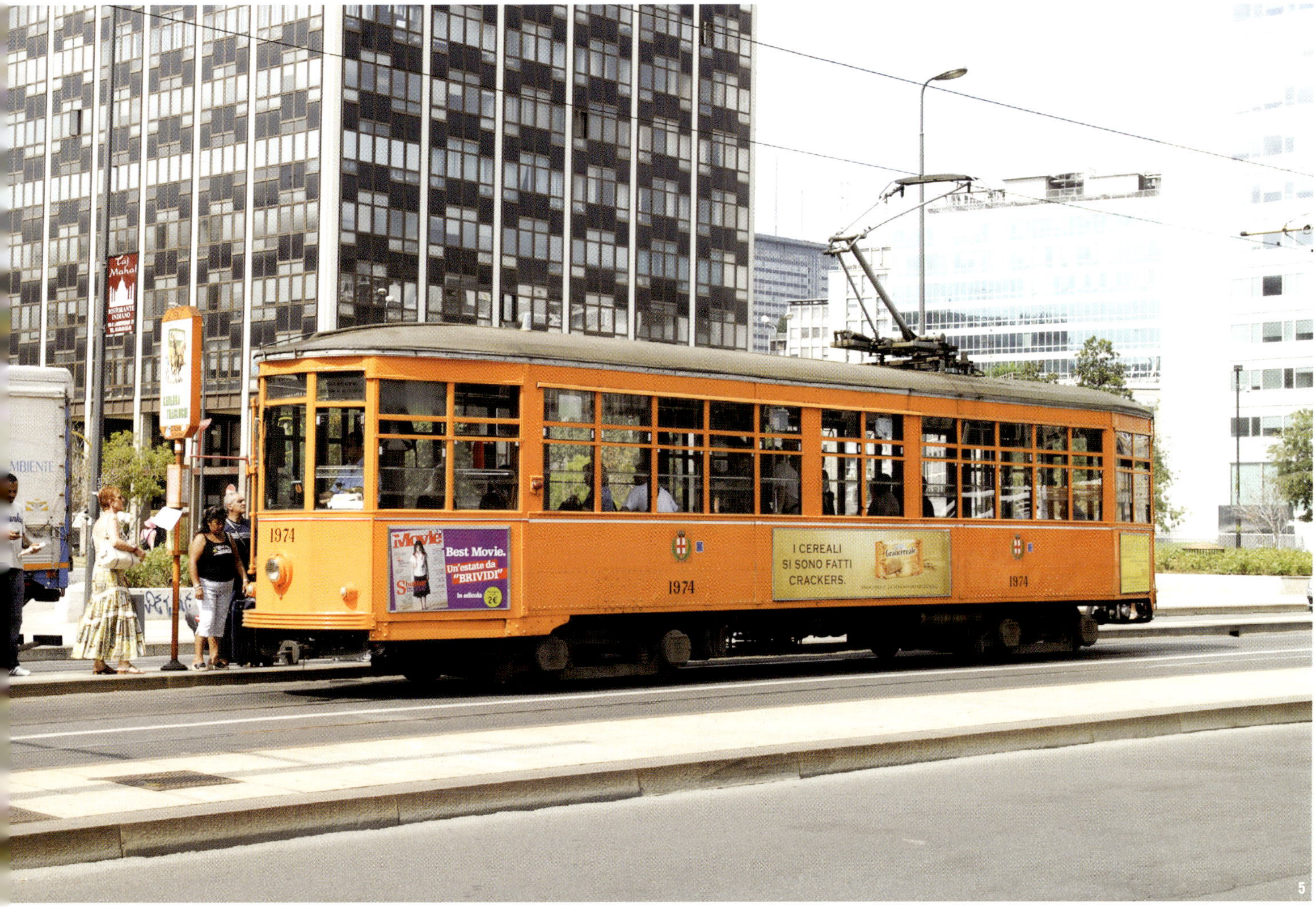
1974
Best Movie.
"BRIVIDI"
I CEREALI
SI SONO FATTI
CRACKERS.

5

1 Helsinki, Finland
2 Mykonos(Μύκονος), Greece
3/4 Hamburg, Germany
5 Liverpool, United Kingdom

2

3

4

5

You get wasted and
my taxi gets wrecked.
I've had enough.
drinkaware.ie
Get the know-how to know when
Bus Átha Cliath
www.dublinbus.ie

1 Tour Bus, Dublin, Ireland
2 Prague(Praha), Czech Republic
3 Naoshima(直島), Kagawa prefecture(香川県), Japan

1

2

3

1 Copenhagen(København), Denmark
2 Madrid, Spain
3 Oslo, Norway
4/6 Malmö, Sweden
5 Almere, Netherlands

4

maxx
stadsbus Almere
8279
8
Skånetrafiken
snacka mera
Ladda Telenor kontantkort.
0 kr/min till alla, hela sommaren!
NÄRA ÄR BRA

5

6

AUTHOR'S EPILOGUE

[저자후기]

이 책은 여러 번의 시행착오를 거쳐 제작되었다. 처음에는 사진과 글만 있으면 책이 만들어지는 줄 알고 있다가 실제로 책 제작에 들어가서야 사진위주의 서적들은 각각의 주제에 따라 페이지별로 사진이 선별되어야 하며, 이에 적합한 사진설명과 글이 뒤따라야 한다는 사실을 알게 되었던 것이다.

그 이후에도 편집과 수정과정에서 많은 시행착오가 발생하여 초기에는 작업이 느리게 진행되었으나 편집 시작후 2~3개월의 시간이 흐르면서 주제에 따른 편집방향과 내용에 대한 공감대가 형성되고 작업은 빠른 속도로 진행되었다.

글보다는 사진 위주여서 책의 출간이 비교적 쉬울 것으로 생각하였지만 오히려 주제에 맞는 사진 선정에 많은 애를 먹었고, 많은 사진들 중에서 각 페이지에 삽입할 사진들을 선별하는데도 적지 않은 시간과 노력이 필요하였다.

원래 이 책은 2007년부터 출간하려고 생각하였으나 바쁘다는 핑계로 손을 대지 못하다가 2009년 12월에 와서야 본격적으로 책의 저술과 편집을 시작하였다. 2009년 후반기와 2010년 전반기는 필자 개인적으로 커다란 고난이 있었던 시기로서, 인간의 본성에 대한 회한으로 많은 시련과 고통을 겪는 과정에서, 그간 생각은 있었지만 행동에 옮기지 못했던 책의 제작을 한 번 해보자 마음먹게 되었던 것이다.

이 책을 처음 만들려고 마음먹게 된 동기는 외국답사를 다니면서 어떤 도시가 진정으로 사람들을 위한 도시인가를 깨닫게 되면서부터이다. 진정으로 살기 좋은 도시란 차를 타기보다는 걷기에 편한 도시이다. 필자는 낭만적인 도시풍경을 꿈꾼다. 최소한 우리 세대에서 이와 같은 가로환경을 실현해 보는 것이 필자의 꿈이기도 하다. 이를 위해서는 차량이 아니라 사람과 보행자가 위주가 되는 도시, 차도 폭을 줄이고 보도 폭을 늘려 그 곳에 울창한 가로수를 심어 낭만적이고 분위기있는 가로환경을 만드는 것이 도시의 문화적 수준과 품격을 높이는데 매우 중요하다는 사실을 필자는 믿어 의심치 않는다.

책 제작과정에서 밤늦은 시간까지 편집에 참여한 연구실 학생들에게 심심한 감사의 마음을 전한다.

그리고 일일이 이름을 밝힐 순 없지만 책 출간에 물심양면으로 도움을 준 도시 및 건축설계연구실의 박사과정 재학생 및 졸업생 모두에게 진심으로 감사의 마음을 전하고 싶습니다.

2010년 10월

공대 54호관 401호실에서

VOLUME ONE

URBAN COLORING

I/N/D/E/X

N

O

P

R

S

T

U

V

W

X

Y

Z

세계의 도시경관과 건축문화

URBAN LANDSCAPE
AND ARCHITECTURAL CULTURE
IN THE WORLD

제1권
도시의 색채
Urban Coloring

제2권
도시야간경관
Urban Night Landscape

제3권
도시가로 및 수변경관
Urban Street & Waterfront Landscape

제4권
녹색교통과 친환경건축
Green Transport & Environmental Friendly Architecture

제5권
공원녹지와 공공디자인
Park, Green & Public Design

제6권
신도시와 공동주택
Newtown & Housing Development

서 유 석(徐攸錫, Seo You Seok)

서유석교수는 우리나라의 도시환경에 깊은 관심을 가지고 있으며, 많은 도시경관 관련 프로젝트를 수행하였다. 살기좋은 도시란 걷고싶은 도시이며, 이를 위해서는 걷는 것이 차를 타는 것보다 더 편안하고 쾌적해야 한다는 신념으로 많은 기고와 활동을 하고 있다.

E-mail : ysseo@changwon.ac.kr

약력(Academic Career)

창원대학교 건축학부 교수(Professor, Changwon National University)
서울대학교 공과대학 건축학과 졸업(Bachelor's degree, Dept. of Architecture, Seoul National University)
서울대학교 대학원 건축학과 공학석사(Master's degree, Dept. of Architecture, Seoul National University)
서울대학교 대학원 건축학과 공학박사(Ph.D., Dept. of Architecture, Seoul National University)

관련 연구수행 프로젝트(Research Projects)

창원시 도시경관 디자인가이드라인(1997)
부산다운 건축 마스터플랜(2002)
김해시 도시경관 기본계획(2003)
양산신도시 아파트 색채계획(2004)
거제시 야간경관 기본계획(2004)
창원시 도시경관 기본계획(2005)
창원시 공원녹지 기본구상(2006)
통영시 도시경관계획(2006)
경상남도 도시공공디자인 연구(2009) 외 다수

세계의 도시경관과 건축문화 _ 제1권

도시의 색채

초판인쇄 : 2010년 10월

발행처 : 시공문화사 (*Spacetime*)
서울시 서대문구 현저동 200번지 극동빌딩 5층
Tel 02)3147-1212 Fax 02)3147-2626
www.spacetime.co.kr / spacetime@korea.com

인쇄 : (주) 예림인쇄
제본 : (주) 다인바인텍

저　　자 : 서유석
편　　집 : 서유석
북디자인 : 이순학

이메일 : ysseo@changwon.ac.kr
전화 : 055-213-3781

도서정가 89,000원

URBAN LANDSCAPE AND ARCHITECTURAL CULTURE IN THE WORLD _ VOLUME ONE

URBAN COLORING

Published in 2010 by Spacetime

Author : Seo, You Seok
Editor : Seo, You Seok
Book Design : Yi, Soon Hark

ISBN 978-89-5592-169-4 93540

E-mail : ysseo@changwon.ac.kr
Tel. : 82-55-213-3781

Printed in Korea

Book Price USD 78.00